解读感觉
如何照顾好自己的小情绪

[德] 莱昂·温德沙伊德　著
韩颖珏　译

BESSER FÜHLEN

山东友谊出版社·济南

Besser fühlen
Eine Reise zur Gelassenheit
Copyright 2021 by Rowohlt Verlag GmbH, Hamburg
Chinese language edition arranged through HERCULES Business & Culture GmbH, Germany.

图字：15-2022-161号

图书在版编目（CIP）数据

解读感觉：如何照顾好自己的小情绪/（德）莱昂·温德沙伊德著；韩颖珏译.—济南：山东友谊出版社，2022.10（2025.2重印）

ISBN 978-7-5516-2653-8

Ⅰ．①解… Ⅱ．①莱… ②韩… Ⅲ．①情感－通俗读物 Ⅳ．① B842.6-49

中国版本图书馆CIP数据核字（2022）第176672号

解读感觉——如何照顾好自己的小情绪
JIEDU GANJUE RUHE ZHAOGU HAO ZIJI DE XIAO QINGXU

责任编辑：肖静
装帧设计：卓义云天

主管单位： 山东出版传媒股份有限公司
出版发行： 山东友谊出版社

地址：济南市英雄山路189号　邮政编码：250002
电话：出版管理部（0531）82098756
　　　发行综合部（0531）82705187
网址：www.sdyouyi.com.cn

印　　刷：济南乾丰云印刷科技有限公司

开本：889mm×1194mm　1/32
印张：7.25　　　　　　字数：170千字
版次：2022年10月第1版　印次：2025年2月第2次印刷
定价：68.00元

前言

开启心灵之旅
为什么我们能感觉

滅亡の精神

> 生活中没有可怕的东西，
> 只有需要理解的东西。
>
> ——玛丽·居里

在等第二个红灯时，我意识到自己哭了。那是从录音棚回来的路上，我独自推着摩托车停在弗里德里希斯海因的一个十字路口，眼泪就默默流着。那天上午，我在我的播客对两位嘉宾进行了各1小时的采访。两位受访者都是童年遭受过严重暴力的不幸之人，他们的心灵伤痕累累，他们的描述令人不安。面对这种状况，作为心理学家，情绪当场崩溃是非常不专业的，我需要控制住自己的情绪，正如职业训练所要求的，我掌控了这场对话，主要是控制住自己的情绪。我耳闻之事令我非常震惊，但还是冷静地提问，顺利完成了采访。

我从未如此痛哭，更别说在公共场合。此时此刻我驻足于此，忍不住潸然泪下。我受触动至深，悲伤欲绝，眼泪止不住地往下流。刚开始，我对此非常惊讶。显然，我还没有意识到那些对话勾起了我何种的情愫。采访结束后，我直接离开了，头脑已然开始思考下一项日程。采访已经完成，我可以将它抛诸脑后了。直到红灯让我停下，我的情绪才突然爆发。

人为什么会有情感？这个问题看起来也许很奇怪，人类有情感这件事对我们来说是不言而喻的。作为婴儿，我们对他人的微笑报以喜悦；作为小孩，我们为第一次教室演讲而紧张兴奋；当我们长成少年，我们跌跌撞撞踉跄前行，忍受失恋之苦，证明爱的勇气，迷茫中寻找自我；等到成年，我们心生雄心壮志，想有所作为。因此，当我们不能满足别人或自己的期待时，就会感到愧疚；当我们希望在工作中、人际关系中，甚至在为人父母上表现得出色时，就会倍感压力。同样，我们也会因为生活中某些小的事倍感欣慰。我们会被婴儿车中的小小婴儿融化，会在伴有浓浓爱意的缠绵后感到安全，也会为上司给予的赞许而自豪。无论我们年龄多大，生活在什么地方，从事什么职业，我们都有情感。情感的本原很简单：情感是一种进化优势。

人类这个物种存续了30万年，我们谦虚地称自己为智人。这个称谓表明，"智慧"可以将我们与我们较早的祖先以及其他动物区分开来。事实也确实如此，尼安德特人没能发明轮子，海豚既不会读也不会写，乌鸦无法设计出吊桥。但真的是智慧让我们与众不同吗？

1996年，国际象棋大师加里·卡斯帕罗夫输给电脑"深蓝"的消息举世震惊。时至今日，反转似乎愈演愈烈。一位聪明绝顶的棋士将死一台电脑？这完全不可想象。计算机早就不仅仅是在游戏领域击败我们了。2020年初，谷歌推出了一个人工智能，它在乳腺癌诊断方面已经战胜了经验丰富的放射科医生。计算机算法也可以在一瞬间完成数十亿的全球金融交易。我们曾经很骄傲地操控方向盘驾驶汽车,今天行车电脑也可以实现安全驾驶。理性思维,人类的高智商,不再是我们如此独特的原因了。因为在很多方面,人类已经被自己发明的科学技术超越了。

真正使人类与众不同的是我们的感知力。谷歌推出的人工智能也许可以准确运算给出诊断结果。但若想有朝一日一台机器能满怀同情向患者宣布病情,那简直是天方夜谭,即使是最疯狂的科幻小说也不敢这么写。人类已经让汽车学会了"思考",实现了自动驾驶。然而,在情感这件事上,自动驾驶与新石器时代的牛车别无二致。

人类之所以能够理解周围的世界,在复杂的社会中与他人共同生活,找到各自的路,是因为他们有大量可供支配的情感。坐过山车、看电视剧、剪新发型、买新的平板电脑或吃一块油腻的比萨,一切的举动都会触发我们的情感。我们的情感就是为了帮助我们理解正在亲身经历的事情。连数字我们都会用感性情感来理解。28加8等于多少?人类和计算机都知道答案。但数字36究竟意味着什么呢?36岁是年轻还是衰老?36欧元买一瓶红葡萄酒,是不是有点太小气了?在车站等待36分钟的时间,是短还是长呢?

感觉使我们改变周遭。只有通过感觉,周围的事物才能进入我们的大脑。亲情、信任、羞耻、厌恶、希望、忧郁、害羞、嫉妒、忍耐或同情——不是每一种情感我们都喜欢,然而它们都有一个共同的目的:警告或激励我们。情感是社会的润滑剂,引起我们的关注并决定着我们的行为,让过往的经历深深扎根在我们的记忆中。情感是一切关系、幽默和创造力的基础，因此也是我们与人相处的前提。情感像路标一样帮助我们找到生活的方向。采访结束后，我的眼泪夺眶而出，它像一个指示牌，告诉我应该停下来了。我的情绪告诉我，我太快忽略了自己听到的事，但我的大脑其实还在消化它们。美国电影评论家罗杰·伊伯特写道："你的智力可能陷入混乱，但你的情绪永远不会欺骗你。"情感总是真实的，这也是情感如此重要的原因。我们感受到的就是我们的现实。

与此同时，人类仍在努力跟上智能机器的发展步伐。为此，我们不得不跑得越来越快，满足越来越高的期望，争取对社会越来越有用。我们希望自己理性、直接、准确！而情感只会干扰我们达到这些要求。"他没能控制住自己的情感"或"她变得如此情绪化"，这些批判都来自我们这个效益至上的社会。社会期望的是强大而不是情感。我们为人工智能、大数据、机器人和自动驾驶汽车带来的便利欢呼时，也忽略了对智人来说真正重要的东西——人性。没有情感就没有人性。

情绪是人类永恒的伴侣，即使在睡梦中，它也伴随左右。抗拒情绪就像逃避自己的影子一样毫无意义。但人们却在竭力压制、压抑情绪，或是通过购物、饮食、自我表现或投入工作来转移注意力。这是病态的。

我们会为自己临近演讲的不安或亢奋而懊恼，因为压力和紧张使我们的大脑异常活跃，脑子里一团糨糊，根本无法停下好好休息，我们生怕在演讲时会忘记台词。在爱情里，我们不停地思考自己爱得够不够轰轰烈烈，当我们感觉不好的时候就会不断自责。尽管真实情况表明一切都好，我们大可不必如此！

我们可以学着理解自己的情感，平静地与之相处。如果我们能成功地接纳情感本来的面貌，而不是压制或评判它，就会释放出无法想象的力量。最终，我们就能够将情感转化为我们的巨大优势。我们将获得更好的感受。

我们的情感和人类本身一样古老，但我们对它仍知之甚少。幸运的是，这种情况正在慢慢改变。

你手中的这本书就像一张地图，引领你穿越十个非常不同的情感场景。这张地图是我——一个心理学家的探寻之旅：人类情感的核心是什么？它能带给我们什么？我们又如何将其为己所用？这些问题的答案会让你吃惊、让你着迷，并改变你。从新加坡，到波哥大、多伦多、洛杉矶、纽约，再到瓦赫宁根、波鸿、耶路撒冷、德黑兰——对于人类情感及其成因的研究遍布世界各地。这本书，涵盖了最新的大脑扫描实验、惊人的实验结果和世界主流研究人员的见解。

"你在害怕什么？"当我第一次停下来，与哈佛大学的杰罗姆·卡根教授共同反思时，我发现我对自身的了解超过了以往任何时候。"我们能否始终如一地深爱着对方？"人类学家海伦·费舍尔曾对160多种文化中的爱情进行研究，她的这项研究让我对这个问题有了新的认识。"我们为什么会对自己比对别人更加苛刻？"如果没有心理学和神经科学教授马克·理亚利的帮助,我完全不会发现,和自己做朋友原来可以这么简单。他们将毕生的心得倾囊相授,让我可以与更多人分享。他们分享的不仅是智慧和经验,还有诸多技巧和方法。这些技巧和方法并不复杂,却可以给个人带来根本性的改变。

每一章节都只是冰山一角,海面之下的基础是数十项研究数据、科学访谈和重要的专业文献。与此同时,这本书还结合了我非常主观的个人之见。书中提到我们无法直面死亡和哀伤,以及为工作殚精竭虑、筋疲力尽的现象,都是我的个人经历。

你很快就会意识到,对"情感"这一概念的全面阐释是我论述的基础。这当中包括情绪和身体的感觉,还有我们对于各种关系的感知。这一全面的概念可以让我们解释情感世界涉及的各个领域。为什么随着年龄的增长人们感觉时间过得越来越快?如何将愤怒转化为动力?我们什么时候会感受到印度式的"茄子之怒"?为什么多一点慈悲心对我们的心理有好处?恰恰是在异国文化中,我遇到了久未发生的情感,这些情感的价值很容易被我们忽视。

跟随这幅心灵地图,我们不仅能环游世界,还能回到过去。当孩子迷路时,父母会如何建议他们呢?"回到原点吧。"一旦我们认识到人类从哪里来,那么21世纪面临的诸多挑战就会迎刃而解。令人着迷的是,我们可以从中看到古代的哲学家们是如何描述情感的。例如斯多亚主义哲学家塞涅卡和波斯的思想家杜尼,他们早在几百年前就已洞悉现代心理学并用简洁的语言表达了出来。我们在贪婪地追寻新事物的同时，忽略了已被求证过的旧事物。对人类情感这个选题，回顾往昔往往比向前远眺更有意义。人类过往的智慧对未来的帮助不亚于当下从哈佛、"硅谷"学到的知识。

人们的生活和感受不尽相同，但还是有可以将人类联系到一起的模式。这值得我们去一探究竟。冷静地处理自己和他人的情感，更好地认识自我，可以让我们过上更幸福的生活。这也是我对你的期许。虽然这是一个很宏大的期许，但也请不要顿感压力。平静地开始阅读，任何能触动你的东西都会自动留在你的大脑里，并在那里产生奇妙的连锁反应。只管读书，其他的一切，就交给时间吧！

心灵之旅即将开启！祝您旅途愉快！

目录

第一章 **婴儿和怪物**
001　恐惧也有好的一面

恐惧值得我们去特别关注,因为恐惧试图通过引起我们的注意来保护我们。我们可以学着让恐惧像海浪一样推着我们前行,只有对恐惧本身的恐惧才会让恐惧变成心魔。

第二章 **蝴蝶的归来**
023　爱到最后一天

无论恋爱中"我们"的圆圈重叠面积有多大,"我们"总是由两个独立的"我"组成,恋爱的核心就是在"我们"和独立的"我"中找到平衡。

第三章 **既短又长的片刻**
043　我们如何暂停飞逝的时间

我们无法改变时间的物理长度。当我写下这几行字时,几秒钟过去了,此刻变成了过去,今天变成了昨天,我们无法阻止。然而,我们可以改变的是我们对时间的感知。

第四章 **愤怒的诸多面孔**
061　我们的愤怒何去何从

愤怒本身不是问题,而是迈向解决问题的第一步。在我们的社会中,愤怒声名狼藉。但随着不断地深入研究,人们对这种消极情绪也有了全新的认识。

第五章
081

给大脑灌以"黄汤"
重回健康的饥饿感

如果肠道中的微生物没有被很好地喂养,它们就会罢工,甚至死亡。这会破坏肠道菌群平衡。这一现象尤其可能发生在压力很大的人生阶段,例如工作、日常生活和家庭让我们不堪重负的时候,因为我们往往会没有时间解决饥饿感。

第六章
103

悲心的两面性
自我同情的驱动力

长期以来,西方心理学一直忽视来自遥远东方的悲心。然而,来自无数实验和研究的相关数据一遍遍证明同一件事,自我同情是有好处的。

第七章
119

不合身的紧身衣
哀伤将走向何方

哀伤不是静止的,而是在绝望与信心、哭与笑之间交替进行。从哀伤者的角度来看,哀伤不是简单地掉入一个深不见底的黑洞,而是面临突如其来的悲伤的巨浪,随着时间的推移,海面逐渐平静,但突然又一个大浪拍打过来,毁掉了一切。

第八章
137

断裂的线
耐心的优良传统重放光彩

我们太习惯于立马行动,从而低估了等待的价值。在有些情境下,无为的策略往往更容易帮助我们取得成功。还记得那个受试者因为无聊自愿电击自己的实验吗?让人什么都不做真的很难。

第九章
157
激情燃烧
危险地追逐激情

"激情就像品位一样，通过训练才能获得。人们是在行动中感受到激情，而不是感受到激情才开始行动。"当我们掌握了一项新的技能，当我们越来越得心应手，当我们能感受到自己的进步时，激情才会产生。

第十章
177
万事如意
知足常乐而不是执着于追求幸福

如果我们放弃追求幸福，转而专注于满足，我们就不应该犯之前追求幸福时所犯的错误，把幸福当成是势在必得的东西，沉着冷静是通往满足最可靠的道路，特别是在今天这个要求"更高、更远、更快"的世界里，想要获得满足，首先就要知足。

第十一章
205
要想成为人，首先必须有情感
无尽的心灵之旅将暂时告一段落

212 致谢

215 后记

第一章

婴儿和怪物

恐惧也有好的一面

我最害怕的是——恐惧本身。

——蒙塔尼

在科学领域，有时伟大的时刻诞生于极小的事物。对于哈佛大学著名的心理学教授杰罗姆·卡根来说，这一切都始于19号宝宝。1989年，哈佛大学研究人员邀请几位母亲带着她们4个月大的孩子完成一项实验。实验开始后，婴儿与母亲没有任何眼神交流，被突然单独带到一个装有视频监控的房间。正当婴儿们茫然之际，一阵奇怪的噼啪声响后，从喇叭里接着传来一个声音："你好，宝贝，你今天好吗？"然后，一个会动的小玩具被悬在婴儿面前晃动。仿佛这一切还不够令人困惑，一位实验助理进入房间，在婴儿的舌尖上滴上一些柠檬汁。实验完成后，卡根教授对录像带进行了深入研究。前十八盘录像带的画面类似：牙牙学语的婴儿饶有兴趣地观察着一切。但当卡根教授插入第十九盘磁带时，屏幕上婴儿的表现与之前的孩子截然不同。

19号是一个女宝宝,她拼命地哭喊,疯狂地挥舞手脚。为什么这个孩子的反应与其他孩子如此不同?她受到的刺激明明和其他宝宝一样。

声音、会动的小玩具、柠檬汁,这些都成功引起了其他婴儿的好奇心。但19号宝宝却仿佛经历人生的至暗时刻。卡根教授和他的团队立马开始仔细分析研究所有的录像。结果,他们发现了人类恐惧的一种特殊模式。

一

我们都很了解恐惧。这种强大而不快的感觉占据我们后,使我们心跳加速,胃部痉挛,瞳孔放大。有时恐惧会悄悄地潜入我们的生活,让忧虑在脑海里扎根,使我们压力倍增而失眠,身心长期处于紧张状态。当恐惧来袭时,我们变得紧张不安,并且这种不安贯穿全身,无处不在,只不过有时强烈,有时微弱。无数的诱因可能触发恐惧。诱因可以是日常生活中的特定情境,比如被地下室的蜘蛛吓了一跳,或是与老板进行了一次严肃的谈话,或是考试临近。但更多时候是因为一些世界性的政治事件,2020年引起德国人恐惧的事件中,排名第一的是美国总统出台的新政策,紧接着才是逐年上升的生活成本、欧盟债务危机、糟糕的经济形势、自然灾害和极端天气事件。

恐惧有很多面孔,我们并不能立即辨认它,这是因为我们很少有意识地去思考和感受它。因此,有人信誓旦旦地说已经很久没感受过恐惧了,还有人认为只有弱者才会受其困扰，被它折磨，这些都是谬论。恐惧往往隐藏在其他情绪的后面，比如愤怒和仇恨。

恐惧是人类生活的一部分，我们一次又一次地以不同形式经历恐惧。恐惧无处不在，声名狼藉。地球上约有2.84亿人患有焦虑症。对于这些人来说，恐惧已经脱轨，成为一种病态。其中包括突发的恐慌症，恐慌症是指未受巨大精神刺激却突然出现的社交恐惧或对特定事物的恐惧，例如对公共场所、高空、蜘蛛的恐惧，再如被他人注意所产生的恐惧。广泛性焦虑症尤其常见，患者可能在无尽的焦虑中失去自我，甚至无法正常生活。据估算，目前人群中约有三分之一的人正在被焦虑症困扰。当焦虑来临时，患者往往会被错误治疗，医生只是简单处理了相关表面症状，例如睡眠障碍或者由此引起的背痛，却忽略了焦虑本身。长此以往，身体的警告信号就会自动关闭，令种种紊乱变得更加根深蒂固。如果不进行治疗，焦虑症到最后都会变成慢性疾病。

与其视恐惧为敌人，不如坦诚感受它，试着去理解它。恐惧究竟是什么？它是如何出现的？它又想告诉我们什么？我们认为自己已经足够了解恐惧，却偏偏无法回答上述问题。

德语中恐惧这个词来自古高地德语的"angust"，意思是窘迫、苦恼和约束。这很贴切地描述了恐惧给我们带来的感受。在人类的大脑中，各个器官组织协作，其中杏仁核发挥着重要的作用。杏仁核是大脑边缘系统的一部分，平均地分布在左、右颞叶中。如果破坏猴子大脑的这个区域，之前引发它恐惧的刺激物,几乎不再奏效。如果猴子失去杏仁核,即使面对一条毒蛇,它依旧保持放松状态。

杏仁核的任务是评估外部信息并采取行动,作用类似于一个情感扩大器。就像我们在 19 号宝宝身上发现的那样,这个报警系统在遭遇外部刺激时会做出相应的反应。有研究表明某些特定的刺激物特别容易触发我们的恐惧。2017 年的一项研究显示,即使是 6 个月大的婴儿在看到蜘蛛或蛇时也会紧张。从进化的角度来看,这样的反应是很有意义的,因为有毒的动物对我们的祖先是巨大的威胁。即使在今天,哪怕我们生活的环境中有毒之物早已罕见,婴儿也根本不必害怕会有蛇的出现,但对它们的恐惧仍然存在。

我们的经历、文化和教育仍然深深影响着我们的恐惧。也就是说,恐惧是可以后天习得的。因此,哪怕最开始是中性甚至是积极的事物,在经过极其消极的经历后也可能成为诱发恐惧的因素。一位有过极不愉快治疗经历的牙痛患者,在面临新的治疗时会感到焦虑不安。在战乱地区长大的人们对突如其来巨响的感受与在和平地区长大的人们截然不同。不同的生活经历导致了人们会被不同的事物诱发恐惧。这让我们清楚地意识到,恐惧是一种十分个性化的感觉。

当身体的警报系统受到刺激被触发时,在几毫秒内,身体就会完成一系列连锁反应。这里主要涉及三个层面。首先,我们的身体会做出反应。我们的血压上升,呼吸变浅变快,消化系统则放缓,为了生存,我们的身体将所有的能量都集中了起来。我们的肌肉紧绷,紧绷到极致会使我们因为恐惧而全身颤抖。有的人会脸色惨白，有的人则会脸涨得通红。其次，恐惧会麻痹我们的神经。我们将所有的注意力都集中在面前的威胁上，自动屏蔽了一切其他事物。最后，恐惧决定了我们的行为。消耗的能量肯定会去向某处，而恐惧就决定了能量最终的去向。面对恐惧时我们当下的反应是战斗或逃跑，换句话说，也就是发起攻击或退缩自保。但是还有第三种经常被忽视的选择，即所谓的"冻结行为"，也就是由于震惊导致整个人僵住。我们因为恐惧而动弹不得，在极端情况下甚至会晕厥。就像一只走投无路的兔子，在毫无办法的情况下只能装死。人类也会如此。从人类进化的角度来看，这不失为一种不错的策略，因为很多捕食者会首先攻击正在活动的猎物。

恐惧是一种古老的自卫机制。如果我们穿越时空，回到300万年前的非洲大草原，就很容易理解人类的恐惧了。想象一下，我们正在草丛中行走，突然身旁的灌木丛传来一阵沙沙声。现在我们的大脑有两种选择，或者发出警报，因为这种沙沙声被大脑定义为危险信号，或者大脑的警报系统不做出任何反应，我们也不会警觉。如果这沙沙声是由一阵无害的风引起的，那么身体出于恐惧做出的逃跑反应充其量只是浪费了一点能量。反之，如果我们的大脑没有警觉，认定这只是风吹过的声响，而暗处的捕食者早已露出獠牙，攻击在即，那么我们就必死无疑。如果没有恐惧发出警报，我们的祖先就会被吃掉，失去延续基因的可能，我们人类今日就不复存在。

也就是说，自然界将恐惧深深地刻入人类的基因。这就是为什么我们的大脑宁可千百次做好最坏的打算，也不愿毫无防备，侥幸涉险一次。心理学将这种行为定义为负面错误。这是人类进化过程中被赠予的保命药，但放到现在，在这个再也不会有食人巨兽突然从灌木丛中跳出来的世界里，却成了麻烦。因为我们的大脑面临任何有疑问的情况，都会歪曲事实，向恐惧倾斜。这就是为什么我们会在飞机上、在演讲开始前或倚靠在屋顶露台的栏杆边上时会感到恐惧，在过马路时却一点儿也不会恐惧。事实上，过马路被汽车撞死的概率远远高于大型客机坠机、在台上演讲太兴奋而致心脏病突发或从高处坠楼死亡的概率，但我们的大脑却选择性地忽略了这一点。

把这种情况放大到整个世界则更为荒诞。我们的大脑对恐惧最为致命的误解，就体现在我们对于恐怖袭击的恐惧。出于这种恐惧，治国者有时会一再牺牲民众自由来换取安全，随之而来的就是猜疑、监控摄像和情报部门的滥权。事实却是，2016年，全球34871例恐怖袭击导致的遇难者大部分来自战乱地区；而同年死于心血管疾病的人却高达790万，世界卫生组织认为，造成这种情况的主要原因之一是过量食用高油和高糖食物引起的肥胖症。这些客观数据经常出现在晚间新闻中，但数据对大脑来说并不重要。我们的大脑向我们诠释恐怖主义是非常可怕的，但对电视上巨无霸汉堡和巧克力酱的广告宣传攻势熟视无睹。撇开具体的情况，能引起我们恐惧的因素需要符合以下三个特征：未知的、不可控的和不寻常的。所以恐怖袭击正中靶心，高油高糖食物却完美避开。

同样令人惊讶的是我们适应恐惧的速度。一个人类无法控制的未知病毒，在刚出现时会全天候霸占报纸的头版头条。最开始我们愿意做一切事情来预防病毒以免受其害，但随着时间的推移，恐惧慢慢消退，因为我们已经渐渐习惯了。新冠肺炎疫情发生不久，在德国、美国和英国进行的调查问卷表明，大约三分之二的人对新冠病毒感到非常恐惧。目前，尽管危机还未解除，世界范围内的疫情仍在继续，但是民众对于新冠病毒的恐惧值却直线下降。

身处这个时代，人类面临的真正危险是：气候灾难、多重耐药菌、快餐流行、海洋污染和指数级传播的病毒，这些都很难被我们的大脑直观感知到。这一切都比灌木丛中的老虎要抽象得多。即使我们对上述情况感到了恐惧，作为个体，我们也很难通过对抗、逃跑或装死来摆脱它。古老的恐惧应对模式在这些面前完全派不上用场。

而我们在面对人际关系时也面临同样的问题。一方面，我们害怕亲密关系，另一方面我们又害怕被抛弃或孤独终老。我们想要逃离和避免的到底是哪一种害怕？如果进入所谓冰冻装死状态，又能给我们带来什么呢？我们总是担心错过什么，甚至给这种担心、害怕取了一个名字——错失恐惧症（FOMO）——尽管实际上我们害怕的是不得不面临独处。如果我们的工作没有别人充实，我们就会感到羞愧，所以我们会让自己一刻不停地忙碌起来，从不放慢前行的脚步，就像在仓鼠轮上跑啊跑。从轮子里向上看，眼前就是职业的上升阶梯，我们拼命想爬得更高，仅仅因为害怕达不到自己或别人对我们的要求。当我们在工作上取得了一定进步，我们又会萌生出自己还不够好的念头，总想有一天能到达顶端。一头是对还不够好的恐惧，另一头是对失败的恐惧。我们在这当中不停地来回穿梭。我们当中又有多少人因为害怕没人喜欢自己真正的样子而戴着面具生活？从外表看我们既坚强又自信，其实是害怕别人看到自己因恐惧而如此煎熬的样子。

乍一看，恐惧极具破坏力，给身处现代的我们造成很多痛苦。但这只是事实的一半。恐惧的背后隐藏着许多价值。如果我们能够充分了解大自然赋予我们的这个礼物，并且学会与之相处，那我们就能受益良多。其中的相处之道，就让我们继续来了解19号宝宝的后续故事。

二

卡根教授和他的团队对其他数百名婴儿进行了前述实验，经评估，发现约有20%孩子的表现和19号宝宝如出一辙。卡根教授称他们为"高反应宝宝"，即高度反应类型。40%的孩子行为正好相反。他们对扬声器的刺激或其他刺激几乎没有任何反应，因此被定义为"低反应宝宝"。其余的婴儿则不能明确地分配到任何一组中去。卡根教授的发现掀起了巨大波澜，因为几十年来，科学界一直存在着激烈的争论：人类的性格，是生来就是一张白纸需要后天环境的涂画，还是生来就自带某些模式。

卡根教授证明同是4个月大的婴儿，在面对恐惧时有截然不同的反应。在婴儿出生后短短的4个月，环境因素还不能发挥太大作用。由此,卡根教授发现了恐惧的特点——人类天生会对未知的事物产生强烈的恐惧。凭借这一发现,他一举成为20世纪最重要的心理学家之一。因此,当这位满脸皱纹、长着一对招风耳、棕色双眸炯炯有神的教授应允我的采访请求时,我感到异常兴奋。我想知道19号宝宝和其他婴儿的发展状况。

91岁的卡根教授告诉我:"我们定期追踪访问了所有孩子,直到他们18岁成年。"他们不同的性格模式其实很早就显现出来了。早在4岁,高反应者就比低反应者在行为上更为克制和谨慎。到8岁时,几乎一半的高反应者已经出现了焦虑症状,比如在学校表现内向或害怕黑暗。低反应者中只有15%的人出现了上述症状。4个月大就展现出来的性格模式被证明是有延续性的,仅有5%的孩子在11岁时改变了他们以往的模式。

但区分这两个群体的不仅仅是行为模式。2007年,当这些婴儿成年后,哈佛大学精神病学家卡尔·施瓦茨对其中的76人进行了大脑扫描。19号宝宝也在其中。这位年轻女性的杏仁核相比一般的低反应者更为活跃。这也证实了施瓦茨几年前的一项研究:高反应儿童在成年后会有一个异常敏感的杏仁核,它就像一个非常灵敏的火警警报器,只要有一点火星就会发出警报。

此外,就连他们的大脑结构也显示出了差异。左侧眶额皮层可以调节情绪,使人恢复平静,但高反应人群此处的皮层较薄，并缺乏有效的链接。通常，成年高反应者会经常出现紧张、担忧和批评性想法。至此，卡根教授研究的意义也变得非常清楚，通过观察4个月大婴儿的行为就可以预测此人在成年后是否会更加焦虑。

今天，恐惧常被看作一种需要克服的消极情绪。儿童被鼓励应该有宽广的胸怀和足够的自信。我们要勇敢一点！恐惧成了弱点，在追求表现和成功的社会里成了"毒瘤"。恐惧有违人们过上充实生活、努力追求幸福的理念，我们都希望心情愉悦而非心烦意乱。为此，我们必须尽可能克服我们的恐惧。《与你的恐惧做斗争并战胜它》成为各类励志书籍榜单、心灵导师和网络博客的首推，他们承诺消除恐惧就能获得美好生活。卡根教授因此确信，如果父母真的可以自主选择，那高反应宝宝就不会来到这个世界，因为恐惧已被定义为不好的东西。

然而，我们常常忽略了恐惧的优点。卡根教授告诉我，具有明显焦虑气质的人会更加谨慎，这意味着他们不太可能违法，他们能更安全地驾驶汽车，很少会服用毒品。我们生活在一个技术高度发达的世界，解决复杂问题需要的是谨慎和深思熟虑，而不是自以为是。社会需要高反应和低反应人群共同存在。如果没有高反应人群在地面控制中心的辛勤工作，尼尔·阿姆斯特朗就不可能登上月球。对此，卡根教授深信不疑。

虽然恐惧是一种让人感觉糟糕的情绪，但它并不是一件坏事。在这段心灵旅途中，我们会不断意识到，大自然赋予我们的负面情绪，并不是为了给我们的人生道路设置障碍，而是为了帮助我们。即使孩子出生时你立刻就知道你抱的是一个高反应宝宝还是低反应宝宝，那又如何呢？这并不是最关键的。恐惧如何影响我们，取决于我们如何与之相处。

"当19号宝宝开始上学时，她的行为发生了变化。"卡根教授告诉我，她7岁时，开始慢慢地摆脱了她的内向。"如果你在她17岁时约她出来吃午饭，你绝对想不到她是个高反应者。"卡根教授回忆说。"现在猜猜她的第一份工作是什么？"教授饶有兴趣地问我，"她从哈佛毕业后去了华尔街工作。这绝对是你能想象到的最具地狱特征的工作之一。"

卡根教授一生有两个巨大成就。1989年，他证明了人类从出生起就会产生不同程度的恐惧，我们的人生道路似乎已经规划好了。然而许多年后，他又发现即使像19号宝宝这样天生高反应的人，也能学会建设性地处理他们的恐惧。这是如何做到的？与恐惧和平相处的方式又应该从哪里开始呢？

卡根教授回忆说，值得庆幸的是，19号宝宝的父母并不是"直升机式"的父母。通常情况下，对孩子过度保护的父母本身内心充满恐惧，他们将这种感觉转移到了孩子身上。"别爬那么高，你会掉下去的！"当直升机式父母想要尽力包裹自己的孩子，令其免受伤害时，他们其实是幻想出了一个并不存在的恐惧怪物。更为糟糕的是"冰壶父母"，这个概念来自丹麦，指的是为孩子安排好一切的父母。父母的作用就像是冰壶刷一样减少滑道的摩擦，让孩子直达目标。

那些告诉孩子恐惧之可怕，一定要躲开恐惧事物的家长，全然剥夺了孩子学会处理恐惧的机会。而 19 号宝宝的情况却完全不一样。"她的父母鼓励她征服恐惧。"卡根说。这就是关键所在，与年龄无关。

焦虑症患者在治疗中学会的第一件事是，我们之所以害怕恐惧，是因为它让我们感觉不舒服，所以，我们害怕的只是恐惧带给我们的感觉，我们需要征服的正是害怕恐惧本身。恐惧从来都不是一种疾病，错误的处理方式才是罪魁祸首。在这个过程中，认知的作用往往被低估了。

威斯康星大学 2012 年发表了一项研究，2.9 万人被问及他们在生活中感受到了多少压力，他们是否担心压力会损害他们的健康。报告指出，那些被压力困扰的人，他们的过早死亡风险率上升了 43%，压力使人生病。但事实上，这种因果关系只适用于那些对此深信不疑的人。经历过很多压力但同时又不害怕所谓后果的人，平均寿命与无压力的人没有区别。由此可以推断出我们对待恐惧的关键就在于我们如何去评价它。如果我们认为恐惧会伤害我们，那它就会伤害我们。如果不这么认为，那它甚至可以帮助我们。

大多数人在重要的演讲和考试前会感到焦虑，这时他们都会试图让自己平静下来。在他们看来，焦虑出现在这种时候会坏了大事。哈佛商学院的教授艾莉森·布鲁克斯曾在一项研究中对 300 人进行了调查，询问他们给面临挑战时感到焦虑的人什么建议，85% 的人建议 "放松，冷静下来"。在这个世界上，恐惧被当成一种怪物，没有人愿意把这个怪物带到讲台上或考试中去。但这种认知是可以被改变的,且这种改变有着惊人的效果,正如布鲁克斯教授在一系列进一步的实验中得出的结论那样。

例如,研究对象必须在众人面前唱出《不要停止相信》这首歌,这种情况下许多人会产生恐惧。在开始唱歌前,研究对象被随机分为两组。一组被要求对自己说"我很害怕",另一组说"我很兴奋"。面对新出现的情绪,只做了这么一个小小的调整就得到了明显的效果。根据计算机的分析,"兴奋组"比"害怕组"要唱得更好,他们更容易完成有难度的歌词"永不停止,永不停止(On-and-on-and-on-and-on)"。在语言测试时,积极的心理暗示也显示出了同样的效果。视频分析显示,那些在实验中被要求感知自己是"兴奋状态"的人比那些感知自己是"害怕状态"的人说话更有说服力,并且更有自信。即使在面对数学测试时,布鲁克斯教授也发现了类似的模式。这些实验的关键之处在于,"兴奋组"的恐惧程度与"恐惧组"的恐惧程度通过心跳测量显示是一模一样的。虽然两组人都感到了恐惧,但"兴奋组"能将他们感知到的恐惧转化为一种动力。精神病学家和集中营幸存者维克多·弗兰克尔写道:"在刺激和反应之间有一个空隙。在这个空隙里,我们有能力去选择自身对此的反应。我们选择的反应体现了我们的进步和自由。"当一个刺激物引起内心的恐惧时,我们可以决定自己对此做出什么样的反应。方法就是有意识地感受自己的感受,并找出背后的原因。

我们相信自己的感觉,正是因为我们感觉到了它们。但它们并不总是合理的,如果不加以纠正,我们往往会做出不恰当的反应。当我们感到恐惧时,我们坚信自己处于危险中。但事实真的是这样吗?在演讲出现失误时,没有通过考试时,会发生什么?毫无疑问这让人非常恼火。但这种"危险"并不是死亡警告。此时,心悸或出汗完全是多余的。如果我们把对考试的恐惧看作一种刺激,而不是害怕,我们就能从中获得力量。虽然恐惧束缚了我们,让我们感觉不愉快,但这也让我们变得更敏锐,就像相机的镜头一样,它给了我们一个焦点。如果恐惧太大,我们会在舞台上说不出一句话来;但如果我们完全没有恐惧,毫不怯场,我们同样也会失去能量和雄心,我们就不会全力以赴,因为我们缺乏力量和动力。如果我们能理解恐惧实际上想对我们做什么——提供能量去克服挑战——那么我们就更容易将其理解为积极的刺激,并从中汲取力量。

三

在忙忙碌碌的生活中,在唯一不变的是变化的时代,恐惧值得我们去特别关注,因为恐惧试图通过引起我们的注意来保护我们。我们可以学着让恐惧像海浪一样推着我们前行,只有对恐惧本身的恐惧才会让恐惧变成心魔。反之,如果你张开双臂欢迎它,即使它给人带来的感觉并不愉悦,你也能战胜它。这就是 19 号宝宝自己领悟到的。

然而,我们恐惧的原因并不总是像临考那样具体。通常情况下,我们害怕的是不确定性,我们忧心忡忡时,很少感受到具体是对哪个事物的恐惧。某种程度上,忧虑就像是恐惧的前奏,后者还没开始让我们额头冒汗,前者就在我们脑海中盘旋不定，难以把握。我到晚年会不会穷困潦倒？我能不能做一个好母亲或好父亲？如果我的父母生病了，该怎么办？我的工作有保障吗？人们一直处于各种担忧中，尤其对于年轻人来说，担忧焦虑已经成了一种常态。夜晚因为种种担忧而无法入眠或者从梦中惊醒时，我们都想声嘶力竭地大喊："冷静！"担忧占据我们的时间，消耗我们的精力，模糊我们前行的方向。想要停止脑中的一切，为什么这么难呢？想要回答这个问题，我们首先要搞清什么是"真正的"恐惧。

实际上，人们忧虑是为了避免自己陷入更大的恐惧。当我们担忧时，我们的思绪就去到了未来。未来可能会出什么问题？通过担忧，我们给自己制造了一种正在忙碌的假象。"至少我正在考虑这个问题！"这通常是无意识地发生的，通过这种提前的准备告诉自己可以放下心来，显得一切尽在掌握。"如果以后事情变得棘手，也就不会再那么害怕了，因为至少此刻我已经在处理最糟糕的部分了。"起初，这种模式可以奏效，让人镇静下来。但当它成为一种常态后，就会变得危险。宾夕法尼亚大学的研究人员金汉柱告诉我，这已经在一项新的研究中得到了证实。2019年，21名经常忧虑的人接受了放松训练，结果发现，尽管放松可以短暂释放焦虑，但短暂的放松过后，焦虑会随即剧增。也就是说，放松反而加剧了这些人的焦虑。这听起来很奇怪，但从心理学的角度来看是有道理的。我们用忧虑来麻痹自己，对抗恐惧。在这种无法平静的紧张状态下，我们感觉自己已经有所准备，但这样一来，我们就远离了潜藏在忧虑背后的真正恐惧。

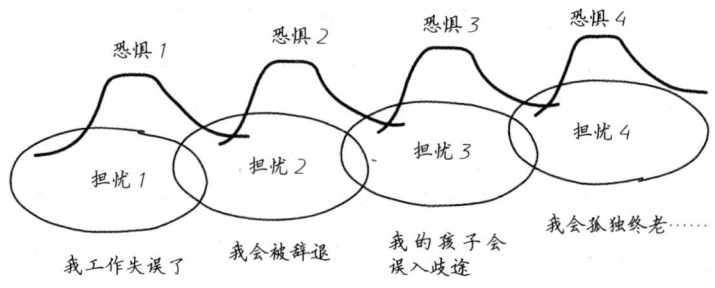

图1 人们的担忧

在无意识中，人们往往倾向从一个担忧跳到另一个担忧，而不是直面其背后真正的恐惧。当我们陷入忧虑当中时，恐惧首先会增加，在快要到达顶峰时，因为害怕恐惧本身，我们很快就会转向下一个担忧。

过去几十年的治疗研究表明，我们实际上可以击败恐惧。一个恐高症患者在治疗过程中会"被迫"走上一栋高楼的屋顶平台，站在栏杆旁。恐惧会在这个时候上升到极限，而我们的身体不可能一直保持在这种极端的恐惧状态。无论我们是否有恐惧症，当我们直面时，恐惧就会减少。卡根教授确信，恐惧不是一成不变的，而是会随着触发因素的不同而发生变化。因此，仔细研究一下真正导致我们恐惧的原因是十分有意义的。一旦我们认识到真正的原因，就能坦然面对恐惧。

虽然对抗恐惧需要我们直面恐惧，但这也是控制恐惧最有效的方法之一。这个逻辑是成立的，因为如果我们可以认识恐惧，我们也可以"忘掉"它们。至于我们的忧虑，我们必须把它们变成具体的恐惧，以便摆脱它们。只有这样，我们才能与它们抗争。这也是波鸿鲁尔大学尤尔根·马格拉夫教授的建议，多年来他一直在研究恐惧症的治疗方法。如果我们把对年老时贫穷的担忧，具象成在养老院里身无分文、孤独地死去的样子——一定要尽可能地具象化，尽可能地把情况想得糟糕——真正的恐惧就出现了。如果我们继续想象，继续思考，真正感受到恐惧，那我们就能击败它，担忧的旋转木马就会停下来。毫无例外。

如果恐惧出乎意料地袭击了我们，例如在毫无准备时得知所爱之人得了重病或我们被解雇了。在这种情况下，古老的正念疗法可以提供帮助。如果我们现在像其他数百万人一样在互联网上搜索正念疗法，就会发现很多相关网页，它们的操作方法都非常复杂，冥想、呼吸练习、有意识地调控饮食只是当中的一小部分。我尝试了其中一些方法，比如间隔几秒呼吸一次，或者长时间专注地咀嚼葡萄干，把意识集中在品尝它的味道上。乍一看，很难理解正念是如何帮助人们处理焦虑问题的。但多年来以正念为基础的治疗方法一直在研究中被反复地验证，它真的有效果。例如，正念帮助患有乳腺癌的女性大大减轻诊断时的心理负担，帮助抑郁症患者避免复发，正念对儿童的心理问题也有积极的作用。基于众多的研究数据，我们现在可以确定正念在对抗恐惧方面也有一定的效果。

正念的做法是有意识地将注意力集中在当下，而不对其进行评价，这意味着体验恐惧而不惧怕恐惧。我们不一定要放松，而是诚实地感受恐惧，虽然它给我们带来的体验有可能并不愉快。一个简单的正念方法是从闭上眼睛开始，可以在日常生活中进行实操。在闭上眼的3到5分钟内，让脑中浮现的所有思绪、忧虑和恐惧都来去自如，不尝试去改变它们，最重要的是不要想去评判它们，不为此谴责自己，而是与它们保持距离。就像在路边的山上去观察高速公路上的汽车，而不是站在高速公路中间的绿化带耳边满是汽车呼啸而过的噪音。从远处以上帝视角去观察自己的内心世界往往能获得自我平静。

想要无限接近正念，以求对抗恐惧，最重要的是要懂得停顿片刻。这不一定需要费时的冥想或高强度的瑜伽。如果我们能设法经常在繁忙的日常生活中停顿片刻——特别是在很忙的时候——深呼吸，感受这种呼吸，我们就能把我们的思想从未来拉回到现在。这样可以消除忧虑，更冷静地处理好恐惧。正念站在了以药物来对抗恐惧的对立面，与压抑恐惧相反，正念是有意识地感受恐惧，刚开始可能是非常不愉悦的，但从长远来看，正念有助于我们加深对自身恐惧的了解，并战胜它。

恐惧不是一个需要被打败的怪物，而是我们情感世界中珍贵的一部分，如果我们坦然面对它，而不是敌视它，就会认识到它的深层含义，我们可以将恐惧转换成能量，因为我们已经认识到恐惧实际上是希望帮助我们。古罗马斯多亚派哲学家和自然科学家塞涅卡早在大约2000年前就已经说过："麻烦可能会闯进我们的生活，但并不是即刻来临。有多少事情是不期而至的？有多少做好准备的烦恼并未发生！即使它真的发生了，逃避它又能有什么用呢？你要足够早地感受它，你要对更美好的事情抱有期望。"

在与卡根教授道别时，我询问他最大的恐惧是什么，"我害怕在死前会经历长时间的痛苦，因为我已经处在人生最后10年的阶段了。"那像他这样一个几乎比任何人都更了解和理解恐惧的人又是如何面对的呢？"我思考了我的恐惧，然后我告诉自己，我无能为力，所以我抛弃了我的担忧，在我人生的道路上继续前行。"在人生的道路上继续前行——不意味着没有恐惧，而是以平静的心态去对待，这就是卡根教授从19号宝宝身上学到的东西。

第二章

蝴蝶的归来

爱到最后一天

爱情是栖息在两个躯体里的一个灵魂。

——亚里士多德

加拿大不列颠哥伦比亚省的卡皮拉诺峡谷是徒步旅行者的天堂。耸如危楼的松树在风中摇曳，谷底一条蜿蜒的河流穿行而过，一派陡峭险峻的嶂谷风貌。卡皮拉诺峡谷田园诗般的自然风景几乎没有人为痕迹，峡谷里只有一条林间小路和两座全然不同的桥。一座桥很短，由坚固的木板建成，桥的两侧是高高的栏杆。另一座桥悬挂在70米高的半空中，用长达140米的钢索连接峡谷两端，底下就是幽深的大峡谷。卡皮拉诺吊桥是狭窄的，桥的两边只配备了低矮的扶手。加拿大心理学教授唐纳德·达顿和阿瑟·阿伦正是在这两座桥梁上找到了爱情的答案——所有想要在长期恋爱关系中保持快乐的人都应该知道的诀窍。

研究人员在这里做了一个实验。他们邀请一位年轻、迷人的姑娘站在第一座距离较短且很安全的桥上，当有男性走过桥时，这位貌美的女性会邀请他做一份调查问卷，并告诉所有参加了问卷调查的男性自己叫唐娜。随后在一张纸上潦草地写下她的电话号码和"如有任何问题可以打我电话"。这是一次短暂的"调情"。

同一位女性站在第二座摇晃的吊桥上进行第二轮实验，她再次给所有男性参与者留了她的电话号码，不同的是，这一次她说自己的名字是格罗丽娅。

不久之后，不列颠哥伦比亚大学心理学系的两部电话响了。事实上，这位迷人的女士给出的电话号码并不是自己的，而是研究人员的。有兴趣的男士便在不知情的情况下打电话来找格罗丽娅或唐娜，由此研究人员可以立即知道他们是在哪一座桥上相遇的。得出的数据很快就显示了其中的不同。十分之一通过第一座短桥的男人拨通了电话，而在第二座摇摇晃晃的吊桥上，这个比例激增到了二分之一，也就是说，在那座桥上有二分之一的男士被这位迷人的女士吸引并决定与她取得联系。同一名女士在不同的情况下对男人的吸引力明显不同。这个现象该如何解释？它又能为我们的恋爱提供哪些帮助？我们将在下面为大家讲述，但首先我们必须了解恋爱的基本要素。

一

"爱并不因瞬息的改变而改变，它巍然矗立直到末日的尽头。"威廉·莎士比亚写道。这是多么浪漫的想法，人们坠入爱河，爱的力量如此强大可以支撑到世界的末日。但这又是多么高的要求，因为如同理性的数据所显示的那样，生活并不是一首爱情诗，如今欧洲几乎有二分之一的成年男女有离婚经历。如果我们假设大多数人是因为爱情而结婚，那么这份爱情似乎在死亡将他们分开前就消失殆尽了，而且这种情况十分普遍。无论结婚时是否有誓言，最开始坠入爱河时的欲望、情欲和内在的魔力最终都会归于日常和平淡。初次一起观赏日落时，内心的悸动如蝴蝶飞舞，不断冲击着我们，这种悸动在几年之后就再也不那么强烈了。很多人认为这很正常，因为爱恋最终都会消失——如果一切顺利的话——会被一种深沉的、充满信任的伴侣之爱取代。这也是很多爱情的真实写照。但悸动的蝴蝶在长期关系里真的一定会消失吗？不能长期保持真实的、酥麻的热恋状态吗？爱情不能从刚开始的几个小时或几个星期一直持续到生命的最后一天吗？

但冀望爱之蝴蝶长期悸动违反了荷尔蒙的规律。如果刚恋爱的人去做核磁共振，扫描仪的显示器就会显现脑干上方的一小部分区域闪着红光，这里就是中脑腹侧被盖区，它是多巴胺的高效制造工厂。一旦被丘比特之箭射中，中脑腹侧被盖区就会加班加点地急速分泌多巴胺，以此激活大脑的奖励机制。许多研究资料表明，我们之所以会有无法抑制的情欲、悸动的欲望、持续的开怀大笑以及坠入爱河的欣喜若狂，是因为多巴胺起着决定性作用。如果我们是一架飞机，那么带我们冲入云霄的引擎就需要多巴胺提供燃料。这个说法最早可追溯到亚里士多德，他曾把天空分成七个区域，而第七区域是最高区。这符合逻辑，事实上当我们相爱时，我们确实特别兴奋，恋爱带给我们的陶醉感不亚于酒精。实验显示求爱遭拒的雄性果蝇与求爱成功的相比，前者的酒精摄取量比后者高出 4 倍多——大概是因为失落。同样的奖励机制，只是激活方式各有不同。

除了多巴胺，丘比特之箭还会让我们的身体产生皮质醇，这是一种压力荷尔蒙。在与心上人初次一起看落日时，我们躁动不安，因为我们很难把握刚刚获得的幸福，我们决不想失去它，为此皮质醇提供了无法想象的能量，我们可以连续几天不睡觉，甚至一声大喝后就可以把树拔起来。真的印证了"有情饮水饱"这句话。

但是，正如我们在上一章关于恐惧的主题学到的，人类并不适合长期处于极端的情感状态，特别强烈的情感只能被类比为短跑而不是马拉松，从健康的角度来说，如果想要继续活命的话还是要早点离开兴奋和高压的第七区域。研究发现强烈爱恋可以持续几个月到一年，并没有固定的时间长短，因为这也非常难以衡量。许多迹象表明浓烈的爱意很快就会消失，身体的压力会再次回落，我们会变清醒。这个时候，分手就很常见了。

除了多巴胺和皮质醇，爱情还包含另一种成分叫催产素，俗称拥抱激素。事实上在做爱后，催产素的提升有助于两性产生彼此关联的感觉。轻触皮肤、分娩或给孩子喂奶同样也会释放催产素。

催产素使人产生信任，加强了伴侣之间的关系，甚至加强了忠诚度，它帮助我们与另一个人进入恋爱关系并将恋爱的感觉印刻在大脑中。这种影响在对草原田鼠进行研究时得到了最好的印证，它们是为数不多的实行一夫一妻制的哺乳动物，一旦相爱，田鼠夫妇就会厮守终生，催产素显然对此起到决定性的作用。如果"不解风情"的研究人员通过实验手段干扰田鼠脑中的催产素，那么田鼠就会失去忠诚，开始"出轨"，这种行为在雄性草原田鼠摄入酒精后也同样能被观察到。

草原田鼠的近亲山地田鼠则恰恰相反，他们通常有多个伴侣，但被注射催产素后，则会变得忠诚。当然，这些在动物身上的发现不能简单地套用到人类身上。例如，如果现在网上卖一种催产素鼻腔喷雾剂，并鼓吹它是"信任液体"；或者有一种催产素止汗剂，声称喷喷它就可以拯救爱情并且与所爱之人永浴爱河，那购买这类产品的人一定会对产品的实际效果大失所望。

总而言之，爱情这件事似乎很清楚了，最初我们在爱情中热情高涨，当爱意消退时，如果一切顺利的话就会变成依偎式的伴侣之爱。这意味着悸动的蝴蝶不可能一直存在，因为荷尔蒙不会允许。

然而，在关于爱情的系统研究中，有很多夫妇声称多年以后仍深爱对方。这种感觉主要体现在以下几个方面：彼此之间依然存在的温柔感觉、性和强烈的吸引力。有人怀疑也许这些夫妇只是在自欺欺人，没有非常诚实地填写调查问卷。或许你可以在调查问卷中撒谎，但在大脑扫描仪前却无所遁形，目前来看，扫描仪的测量还是非常客观的。因此，2012年，人类学家海伦·费舍尔和他的研究团队对部分一起生活超过20年的夫妻们进行了测试。测试过程中，研究人员让他们看自己所爱之人的照片——并期待着测试者的中脑腹侧被盖区能开始工作，生产多巴胺，复杂的细节我在这里就省略了。此次测试，主要是为了验证长期伴侣脑中激活的区域是否和热恋的人一模一样。海伦·费舍尔告诉我说，实验结果表明，两者之间有一点不同。热恋期的情侣脑中还激活了与恐惧有关的脑区，而在长期伴侣的脑中，这个区域则异常平静，取而代之的是负责放松和抑制疼痛的脑区。"我们在实验室里看到了很多50至60岁的伴侣称'我仍然爱着他（她）'，"海伦·费舍尔补充说道，"这是我们完全没有料到的。"但大脑扫描仪却显示他们确实没有撒谎，也没有自欺欺人。

科学家并不认为热恋期令人紧张的"持续狂热"可以维持几十年，也不认为20年后接吻的感觉与初吻一模一样，这也是不可能的。人以及人的感知方式一直在变化。但确实也有一些人，尽管已相恋20年，但他们大脑的奖励机制在看到所爱之人时还是会被再次激活。

如此积极的两性关系肯定有其秘诀，每个人的生活方式和爱的方式都太不一样了。在心理学上有恋爱理论，它既与科学理论相结合，又以有趣的方式呈现出来，这个理论来自阿瑟·阿伦和他的妻子伊莲。

二

我与阿瑟·阿伦教授开始交谈后，我首先想知道的是他到底爱了妻子多久，毕竟他是研究爱情的先驱，我期待阿伦教授可以把专业知识运用到他的爱情生活中去。"哦，也就50年。"他回答说，脸上带着非常满足的笑容。谈到他与妻子的关系时，他的脸上洋溢着光芒，他说这是他拥有的最宝贵的东西。稍后，当我与伊莲交谈时，她也滔滔不绝地说自己的丈夫是她见过的最有爱心的人之一。毫无疑问，她的眼中也同样洋溢着幸福的光芒。我确信，他们在经历时间的洗礼后仍彼此相爱，这一点无需大脑扫描仪就能看出。他们之间不仅有信任和亲情，悸动的蝴蝶也仍然在他们的心中飞舞，尽管两人头发已经花白，阿瑟甚至已经没有什么头发了。他们把婚姻的幸福归功于他们的爱情自我拓展理论：如果我们在长期关系中可以成功拓展自我，那恋爱关系就能长久健康发展。这个理论的背后有两大心理学基础。

第一大心理学基础是：每个人都想拥有影响力。如果我们的需求是一座金字塔，金字塔的底部为食物、衣服和安全。这意味我们需要有一个房子可以遮风避雨，有食物可以填饱肚子，这是我们生存的前提。金字塔的顶端则是我们希望有所作为，希望世界因为自己而发生改变，这是与生俱来的渴求。婴儿一拉挂在床头的玩具绳子，玩具就开始晃动起来，此时他们的脸上充满喜悦。童年时我们建造沙堡只是为了再次破坏它们。青少年时我们不断试探，想看看我们的边界到底在哪里。之后进入职场，我们想要成为一名护理人员去救助生命，或者成为一名工程师去建造索桥。在家中，我们可能会开辟一个菜园，学习弹钢琴和烹饪或用螺丝加固我们的面包车，为下一次露营做准备。那具有行动能力对我们来说有多重要？当我们无法动弹的时候就会知道了。当人老得什么都不能做的时候，就相当于已经死了。年轻人被剥夺自我发展的机会时，会表现出攻击性。

不是每个人都想要改变世界。对一些人来说，能以一己之力对事物产生一定的影响，他们就心满意足了。无论是大的改变还是小的改变，这种想要改变点什么的冲动存在于所有人的心中。我们需要满足这种冲动，直至我们离世。人类希望发展自我、进化自我和实现自我。为了实现这一目标，我们与他人建立关系。

这也就不得不提到这个理论的第二大心理学基础——人是社会性动物。如果新生婴儿被隔绝于世，他们就无法生存，从一开始我们就依赖关系。而我们也早就意识到，我们是通过他人来成就自己的。我们是选择和班上的捣蛋鬼还是书呆子做朋友，会对我们自身产生全然不同的影响。这种影响不仅是对外的，也是对内的。关系为我们打开了也许自己完全不会涉足的新世界。我们也通过与他人的联系定义自己。看到我们的孩子开心地玩耍，我们内心会有深深的满足感。当好朋友所在的足球队赢得比赛，观众席上的我们会感同身受，好像自己也获得了胜利。如果我们拥有巨大的人脉网络，就有巨大的优势，因为我们可以快速、便捷地获得支持。总而言之，通过与他人的联系，我们就能增加产生影响力的概率。

那么，长期的爱恋到底意味着什么？想象一下，我们的自我是一个圆，这当中包含了我们的强项、思想、幽默、资源、

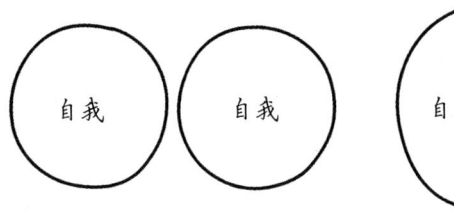
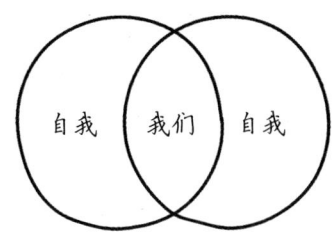

两个独立的"自我"　　　　两个"自我"通过彼此联结
　　　　　　　　　　　　成为"我们"继而获得成长

图 2　自我的联结

欲望、外表，当然还包含我们的弱点。当我们坠入爱河时，我们与另一个人建立了特殊联系。两个"自我"部分重叠，如果各自的"自我"不是主要由"弱点"组成的，那么相融后的两个"自我"就都会有所收获、得到成长。

这个结论也得到了科学的证实。一旦坠入爱河，我们的"自我"就会经历一次成长。加州大学在几年前进行了一项长期研究，他们每周向数百名学生提问"你今天是谁？"。当学生坠入爱河时，他们的回答突然变得与前 1 周的回答完全不同。他们的用词更加多样，更有自我价值感，更重要的是自我效能感提升了。一个刚坠入爱河的学生给出了这样的答案："我的人格得到了提升。我对自己有了更好的评价。最重要的是，我觉得我可以改变更多事情。"坠入爱河就是扩大了"自我"的半径。恐惧则恰恰相反，恐惧会让人缩小并聚焦。爱打开了我们，使"自我"变得更大，因为我们把另一半带入"自我"中。

相爱就是为了拓宽自我——对于不是以自我为中心的人来说，这听起来确实相当不浪漫。让我们再回头看看自我需求的金字塔。如果在所爱之人的帮助下我们到达了金字塔的顶端，那爱情就有很高的价值。此外，我们也会考虑对方的利益。因为"我们"的部分来自对方一部分的"自我"。我们与另一半分享"自我"，对方因此也成长了。因此，爱情并不是像吹气球那样自顾自地给自己打气，而是像有些植物的生长那样，通过帮助别人成就自我。爱情也不是为了追求自我的优化，而是为了追求共同进步给我们带来的积极感受。

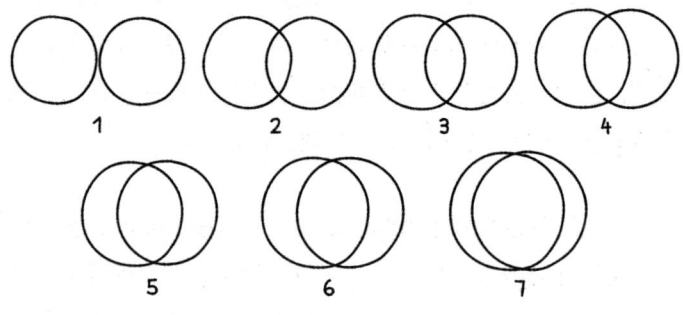

图3 爱情的状态

为了更科学地进行研究，我们将爱情的状态分为以下7种：

完全没有任何关联的两个人，彼此之间有明确的距离感，正如第一幅图展示的那样。这完全谈不上爱情。两个圆圈代表的是独立的"自我"。然而当两个人彼此互相联结时，则是圆圈互相重叠的模式（如图3所示）。

如果我们更仔细地观察一下这些圆圈，就会注意到，七组圆圈的总面积都是一样的。也就是说，当两个圆圈重叠时，它们各自的半径都会增加。这与加州大学研究得出的结论不谋而合，我们通过与他人的联结使得自己更强大。事实上，在一段关系开始时，我们会从中收获很多新的东西。但随着岁月的流逝，根据爱情自我拓展理论，我们期望获得的是什么呢？

随着时间的推移，大家对彼此的了解越来越多，比如：他的笑点是什么，他最讨厌比萨上的哪些配料，哪些电影可以让他流泪。彼此过于熟悉，甚至有些伴侣几乎融为一体。在一个实验中实验对象是相伴多年的情侣，他们被要求在人格特征清单中挑选出符合自己以及伴侣性格特征的描述。1周后，所有受试者被要求站在一台显示器前，画面上如果出现与自己性格特征相符的词，就按下写有"我"字样的按钮。在这种情况下，受试者做出最快反应的词，往往是受试者与伴侣在1周前共同选择的词。对于那些受试者自己特有的性格特征（其伴侣并没有这一特征），受试者则需要更多的时间进行反应。这当中的差别虽然只有几分之一秒，但如果我们在爱情中真的与另一半互相联结，为了分清"自我"和"他人"，我们的大脑需要更多时间去"计算"。对于大脑来说，思考"这是我的性格特征，还是我爱人的性格特征"比"这是我们共同的性格特征"更消耗时间。

这种"相互融合"不仅可以体现在心理方面，在生理方面也有所体现。2010年，中国台湾地区的一个研究小组发表了一项名为"爱的伤害"的研究。实验通过脑部扫描得出了这样一个结论,当我们心爱的伴侣手指被夹了或者是腿撞到了桌角时,我们感同身受。如果是两个"自我"重合度特别高的恋人,这种感受会特别强烈。

幸运的是,我们不只是共同承担痛苦。妻子在实验室里接受电击时,与握住一个陌生人的手相比,握住丈夫的手能大大减轻疼痛。在这个实验中,妻子对丈夫越满意,她的大脑就会将越多的痛苦转移到丈夫的"自我"圆圈中,正如一句谚语所说:"痛苦的经历一旦有人分担,痛苦就减少了一半。"两个高度重叠的"自我"便印证了这一点。虽然实验的开展对象是异性恋,但实验结论也适用于性少数群体。

自我拓展模式是众多爱情理论中的一种。它无意也不可能涵盖这一复杂的主题。但如果我们接受"陷入爱情也是为了扩展自我"这一点,那么就会清楚地知道维持长期关系的秘诀。恋爱初期一切都很容易,荷尔蒙让我们兴奋,"自我"也通过这段全新的体验得到了提升。随着时间的推移,我们越来越了解彼此并一直保持恋爱关系时,两个"自我"的圆圈就会不断重合和增长,虽然可能不像最初那样迅速,但我们的"自我"能意识到自己在不断提高,这样的感觉也很好。

反之,如果自我拓展陷入停滞,那一切就变得很危险。夫妻之间的关系不再继续发展时,两人渐行渐远,两个"自我"的圆圈也开始互相分离。一些人选择分手,另一些人虽然还生活在一起,却各自孤独,最终也会走向分手。

三

根据自我拓展模式，我们注意到，如果两个"自我"继续发展，那么我们也会持续相爱。为了能够弄清这到底是怎么回事，我们现在回到卡皮拉诺峡谷那座摇晃的吊桥上。

阿瑟·阿伦和唐纳德·达顿在这里发现的是，令人不安的外部环境让我们处于一种易受情感影响的状态。在这个实验中，男性的大脑不会将在摇晃的吊桥上感受到的惊险刺激归因于桥，而是会将其归因于自己与那位貌美女士的邂逅。但同样是这位年轻女士，在普通木桥上却没有引起男人们的类似反应，是因为木桥上的男人们并没有处于敏感激动的状态。这一发现在后续的很多研究中都得到了证明。将男女角色互换，得出的实验结果也是如此。

让我们再回忆一下大脑中化学反应的发生过程。一旦丘比特之箭射中我们，吊桥理论就开始发挥作用，一次令人兴奋但不过分的体验让大脑开始释放多巴胺，整个过程就像坐过山车一样——如果你喜欢这种刺激。走过吊桥的男士胃部会有一种轻微的躁动感，大脑将这种感受判断为爱情。这就是为什么走过吊桥的那组男士会更多打电话给实验室的原因。

而夫妻可以从这个理论中收获颇多。如果我们设法共同经历新鲜的事情，即使是多年的老夫老妻，"我们"的圆圈也会不断扩大。新的体验带给我们的兴奋，会使我们再次感受到小鹿在心里乱撞的感觉。在一项研究中，恋人们被随机分为两组，要求他们在接下来的70天里，每周花整整1个小时一起做一些活动。其中的一组要一起去做一些刺激的事情，而另一组的恋人则一起去做比较舒适却不那么刺激的事情，例如一起去看电影或去教堂。事实上，那些经历了刺激性体验的恋人们表示，他们对亲密关系的满意度显著提高。那些选择不那么刺激活动的人，比如一起去听音乐会、看戏剧、滑雪、徒步旅行或跳舞，虽然都称不上是什么大的冒险，但仍然觉得比一起窝在沙发上看连续剧来得更刺激。

这些稍显刺激的活动也足以算得上是跳出舒适区了。当我们一起尝试模仿探戈老师的舞步，一起漫步于摇摇晃晃的吊桥上时，我们的大脑兴奋了起来，大脑报告悸动的感觉又回来了，我们又爱上对方了。这样看来，卡皮拉诺峡谷的索桥无论如何都是值得一去的。

打破我们日常的激动人心的经历是一方面，另一方面，日常生活中的小动作，也有助于爱人彼此的自我拓展。心理学研究者约翰·戈特曼和罗伯特·列文森将华盛顿大学里的部分空间改建为"爱情实验室"小旅馆，并邀请了一些新婚夫妇来实验室里共度24小时，在这期间，新婚夫妇的一举一动都将在研究人员的观察之下。6年后，研究人员再次联系了这些夫妇，并对哪些夫妇的关系依旧很好、哪些已经走向破裂进行了统计。分析显示，根据"爱情实验室"内的夫妻行为就能精准地预测他们未来的亲密关系走向。

研究人员观察发现不同夫妻对"诱饵"的反应非常不同。这里的"诱饵"指的是一方抛出"诱饵"，试图与对方建立联系。让我们来看看下面的例子：奥勒对鸟类很感兴趣，经常和他的爱人莱拉在房间的小阳台上边吃早餐边听鸟叫声。"你听，那一定是一只知更鸟！"他激动地叫起来，期待着爱人的反应，希望她能给出肯定的答复。他的妻子莱拉现在可以选择回应"诱饵"，并询问他是怎样辨认出这些叫声的；或者也可以选择眼皮都不抬一下地简单地回一声"嗯"。双方在此刻如何回应彼此，折射了深层的关系。6年后分手的夫妻，只对三分之一的"诱饵"做出了反应，6年后还在一起的夫妻则对86%的"诱饵"做出了反应。或许我们对鸟类一点都不感兴趣，但我们爱的人很感兴趣。认识知更鸟的鸣叫对于我们自己来说也是一种"自我"的拓展。如果我们能努力一直不厌其烦地去回应那些看似不重要的"诱饵"，相互鼓励并保持共同话题。那我们就可以轻轻松松实现自我拓展，同时又能保持爱情长久。

同样可以帮助爱情长久的另一个理论是5:1理论。没有争吵就没有爱情。无论是因为牙膏又没拧上，洗碗池旁边的碗堆积如山，还是因为性爱的次数（也有可能是关于性爱的对象）没有达成统一——争吵的原因随处可见。而5:1理论提出，每1个消极的互动，就需要有5个积极的互动来平衡。简而言之，我们把消极情绪扔给最爱的人后，就需要5次积极的表现才能弥补，我们在前面学到的关于恐惧的知识可以帮助我们很好地理解这一点。我们的大脑对消极情绪异常敏感。当消极情绪来临时，我们脑中的警钟就会迅速响起，反之对于积极情绪我们只是单纯地接受，甚至会忽略它，所以最终导致5:1这样不平等的比例。相爱已久的情侣也会吵架，但经历过争吵后，他们通常会立即投入到更多的积极互动中去，可以是一个大大的拥抱，也可以是在一番理论后突然开怀大笑，也可以是帮助对方解除情绪上的困扰。自我拓展需要一种建设性情绪，如果我们能够维持积极互动和消极互动之间的平衡感，就已经在为建设性情绪做出贡献了。无论1个消极互动是否真的需要5个积极互动去抵消，或者在真实情况下其实3个积极互动也足够了，重要的是，消极互动需要更多的积极互动才能达到平衡。持续不断的彼此积极互动可以让一切都变得不同。

但是，持久迷恋的关键不仅在于两人形影不离，每个人也可以独自成长。无论恋爱中"我们"的圆圈重叠面积有多大，"我们"总是由两个独立的"我"组成，恋爱的核心就是在"我们"和独立的"我"中找到平衡。有的伴侣几乎只生活在"我们"中，他们几乎不能分开做各自的事情。但是作为一个独立的人，自由行动也有很大的价值。如果有一部分时间是与自己的朋友度过，或者独自旅行，我们就会把许多新印象、新想法、新故事带回家，从而也启发伴侣。如果伴侣双方都这样做，那我们将收获双倍的新鲜事物，这才是爱情刚开始时真正吸引我们的地方，我们发现我们可以探索另一个人并从他身上学到新的东西，这就是我们的自我所爱。没有什么比确定和习惯更容易令人失去吸引力，为了避免这种情况，我们还是应该为彼此保留一点神秘感。

当然伴侣双方也可以互相支持，让彼此在各自看重的领域继续发展。"与你的伙伴共同庆祝成功！"阿伦教授建议说，"这比对方失败时得到帮助来得更有价值。"在对方情绪低落时的陪伴对我们来说是理所当然的事。那反过来呢？我们是否已经花足够多的心思为我们所爱之人的成功高兴，并让他们感受到这一点呢？如果我们在一段关系中给对方空间，让对方在真正擅长的领域发光发热，并努力对整个过程给予关注，就能提醒我们的大脑——虽然它很容易只看到消极的一面——不要忘记我们两个"圆"的重叠部分有多大，以及"我们"对自我认知起着多大的正面作用。有机会的话，可以尝试陪伴对方工作一天，或者默默观察对方如何做他们喜欢的事情。

没有任何感觉是静态的。要长久保持像刚在一起几个小时或几个星期那样的爱，是不可能的。即使是像莎士比亚这样的浪漫主义者可能也会承认，如果爱情的感觉永远像在摇晃的吊桥上一样，那也太过紧张了。然而在长期的关系中，我们仍有权利要求保持相爱。我们甚至应该拥有它，因为从科学上讲，恋爱与心理健康、身体健康和满足感有关。

如果我们放弃恋爱，我们就失去了生活质量的重要来源。热恋的感觉是如此的美妙。想要维持这种感觉其实只要往前迈一小步就足够了。注意时不时地一起拥有一些全新的体验，在日常生活中支持彼此的兴趣，给彼此单独活动的空间——简而言之，在关系中扩展自我——然后我们的大脑就会奖励我们激动的感觉，我们只需要做一些小事就可以摆脱爱情上的压力。如果我们只能在刚刚开始一段关系时才能感受到爱，那爱情就太过珍稀了。与其烦恼我们必须做些什么才能留住爱情，不如庆幸我们还可以为此做那么多的事情。

第三章

既短又长的片刻

我们如何暂停飞逝的时间

> 时间是个奇怪的东西。我们不需要的时候，它什么也不是。但之后突然一下子除了它，我们什么也感觉不到，它存在于我们的周围，也存在于我们的内心。
>
> ——霍夫曼斯塔尔

想象一下，你在一个空荡荡的房间里，坐在一张桌子前。在进入房间之前，你必须上交手机和所有个人物品，也就是说这个房间里没有什么可以分散你的注意力，你现在唯一的任务是在保持清醒的情况下坐着。你认为自己能在这个房间里坚持多久？1分钟？10分钟？1个小时？

弗吉尼亚大学的社会心理学家蒂莫西·威尔逊在他的实验室里对一群学生进行了测试，首先，学生被告知每个人将接受一次令人不适的电击，电击非常痛苦，为了免受下一次电击，他们可以选择为此支付一小笔钱免遭痛苦。然后，他们各自被单独请到一个只有一张桌子和一把椅子的房间里独处15分钟，这时情况发生了变化。房间的桌子上，除了一个小仪器，没有任何东西可以让他们分心。如果按下仪器的按钮，他们就会立即遭受和之前一样的电击。

"我们不知道接下来会发生什么，"威尔逊教授在接受《波士顿环球报》的采访时解释说，"研究小组的有些成员提出质疑：'我们为什么要这样做？没有人会真的去电击自己。'"但结果却完全出人意料。三分之二的男性和四分之一的女性按下了这个按钮，有些人甚至按了好几遍，令人难以置信的是，一位受试者居然在 15 分钟内主动接受了 190 次电击。

威尔逊教授解释道，人们几乎无法忍受独处，他们甚至因无聊而选择电击自己。那为什么我们无法忍受无聊的时刻呢？为什么这 15 分钟的时间如此漫长，令人难以忍受，而在其他时候，15 分钟却飞快地过去了？时间为什么会以如此不同的速度流逝？

一

时间是一个被明确定义的物理量。无论在世界何处，15 分钟就是 900 秒，1 个小时的四分之一。你可以用时钟将 15 分钟的过程精准到千分之一秒，就像你可以用温度计准确地测量到零度一样。尽管测量的数据很精确，但我们的体感温度可能会大不相同。根据风、太阳和空气湿度的不同，同样的温度会给我们带来不同的感受，这与时间相似。最著名的时间研究者阿尔伯特·爱因斯坦说过："如果你和你爱的女孩坐在一起 2 个小时，你会认为只过了 1 分钟；但如果你是在火炉上坐 1 分钟，会认为已经过了 2 个小时。"他在物理学中已经证明，时间是相对的，对我们的大脑来说时间不是一个固定的单位。

长期以来，研究者一直在探寻人类的时间感，但都没有成功。我们大脑和身体里的不同系统在运作，来控制睡觉—醒来的生物节奏，将我们的运动微调到毫秒级，根据一天中的时间调整我们的饥饿感，我们体内的生物系统虽然像钟表的齿轮一样啮合，但还是缺少了关键的时针。虽然人类发明了精确的原子钟为世界计时，即使经过100多亿年，其误差也不到一秒，但我们体内并没有像时钟一样的东西。我们人体内的时间运作方式与时钟完全不同，我们是靠感觉感知时间的。

这就是为什么当我们坐在心爱的人面前时，15分钟飞逝而去，而在餐厅等待迟到的对方时，15分钟却如此漫长，就如威尔逊的电击实验中的实验对象一样，感觉15分钟漫长得让人几乎无法忍受。也就是说，我们所处的情况和我们的年龄会影响我们对时间的感觉。

孩提时代，降临节（圣诞节前第四个星期的星期日）对我来说是一年中最漫长的时间。虽然每天我都能获得一小块巧克力，但这并不能消除我焦急万分的心情，我在焦急地等待圣诞节的到来。这24天的等待对那时的我来说，期待中伴随着紧张，一直到平安夜甜美的钟声响起，圣诞老人开始启程，随之而来圣诞树下堆满圣诞礼物，我焦急的心情终于得到了救赎。直到现在，当我们在圣诞节欢聚一堂时，我的父母仍会在平安夜敲响钟声，一样的钟声，多年之后，我对此的感受却全然不同了。我没有得到救赎，反而感到害怕。"这一年又快结束了？之前的24天和11

个月都去了哪里？为什么时间过得这么快？"我对时间的感知与当年的我相比显然已经发生了根本性的变化。

我们感知的时间总是与我们生命的长度有关。乍看之下，这似乎是符合逻辑的，随着年龄的增长，时间流逝越来越快。当一个2岁的孩子庆祝她的生日时，一年的时间占了她生命的一半，而当她50岁庆祝生日的那天，一年的时间只是她生命中的百分之二。当我跑马拉松时，全程42.2公里，1公里对于我来说似乎只是个零头。如果我想去面包店买面包，同样是1公里的路程，就会显得更加漫长。如果我们把一年看作是我们生命旅程中的一小段，这一段对于2岁的孩子来说要比已经50岁的人来说漫长得多。在人生的长河里，越往后一年的时间占比会越来越小，所以我们也会觉得一年越来越短。

这种说法能让人接受是因为它有一定的道理，但同时它也有不妥之处，按照这个说法，一个50岁的老人的一个小时应该比一个2岁孩子的1个小时快25倍，但如果经历过火车延误1个小时的人都知道，无论你年纪多大，这一个小时对你来说可能都非常漫长，所以真正起着决定性作用的是你在这个时间段内经历的事情。

我们不止一次听说，当遇到车祸、火车发生事故或者人们不幸跌落时，时间会几乎停止，一切就好像慢动作镜头一样。斯坦福大学的神经学家大卫·伊格曼小时候从屋顶上摔下来时，就经历了这种慢动作镜头似的体验。为什么会这样呢？大卫·伊格曼在离地面31米的高空实验中发现了这个问题的答案。伊格曼将一组实验对象用攀岩绳悬挂在吊钩上，他们的手腕上戴着一个特殊的数字手表，它无法显示时间，而是闪烁着从1到9的数字，这些数字闪现得很快，所以凭肉眼根本无法识别。但如果用慢动作的方式拍摄，数字则清晰可见。

按下按钮，钩子松开，受试者就会跌落至下方的安全网中。与此同时，受试者被要求去尝试识别表上的数字，如果坠落真的就像慢动作一样，受试者照理应该可以识别这些数字，但事与愿违，没有人可以做到。尽管如此，坠落还是对时间感知产生了影响，受试者估计的从高空坠落到地面的时间比实际时间多出了36%。

我们感知时间流逝的速度是在回忆中产生的，想象一下，我们的大脑不断地在记录经历的事情，就像一本写有所有细节的日记，在没有什么特别的事情发生时，一页日记纸就可以记录所有的内容。但在你从31米跌落的那一刻，我们的大脑异常清醒，它想要获得尽可能多的信息，以便能够做出反应。与此同时，大脑需要很多页日记纸去记录，因为对于那些特殊的时刻，大脑需要更多的储存空间去记录。

这种额外所需的空间延长了我们对时间的感知。从高空坠落到安全网上或者从房顶坠落时，我们的大脑必须应对一个全新的状况。新事物总是充满了未知，这要求我们的大脑开启一种特殊的模式。首先它赋予了我们对时间全新的感知，回想一下，新发生的事情越多，时间也过得越慢。就好像在长期稳定的恋爱关系中，非凡的经历会对我们的感觉产生重大的影响。

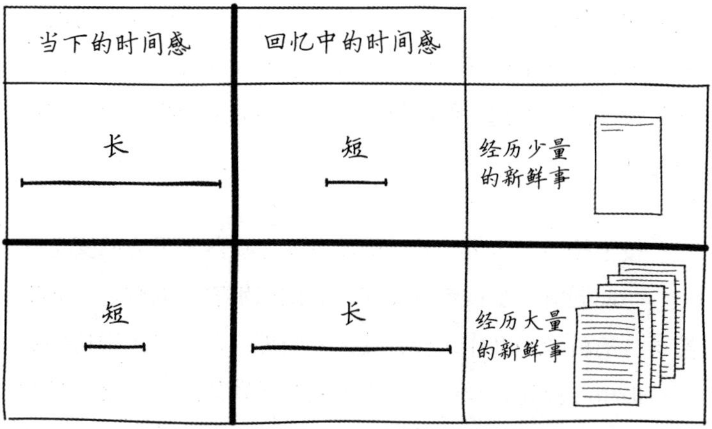

当下的时间感	回忆中的时间感	
长	短	经历少量的新鲜事
短	长	经历大量的新鲜事

图 4 时间悖论

人们对时间的感知是不同的。如果我们当下经历的事情很少，那我们在当下的感知就是持久的。然而，回过头来看，这些时刻不复存在，因为它几乎没有留下任何记忆。

我们在日常生活中也经常遇到这种情况。当我们度假来到异国他乡时，旅行刚开始时——那里的人、酒店的房间、食物——一切都显得很陌生，也令人兴奋。以至于我们会惊奇地问道："我们真的前天才到这里吗？好像过了很久一样。"但几天后，当我们已经熟悉去海滩的路，也熟悉了咖啡馆的服务员时，时间就开始转瞬即逝了。

当我们的大脑接受了许多信息时，令人难忘的时刻就产生了。这也解释了为什么当我们还是小孩或者青少年时，一年的时间对我们来说要比我们在年长时过得慢得多。孩子的大脑必须不断地记录新信息，因为一切都是第一次发生。孩子第一次摆脱辅助轮骑自行车，上学后第一次参加学校的戏剧演出，青年时第一次经历接吻。

我们生命中的前25年充满了无数的新体验,我们开始上学,在大学或工作中遇到新朋友,我们进入一段关系,甚至有了孩子,这一切我们以前都从未经历过。我们永远不会忘记第一次,因为即使是多年以后,他们仍然占据了我们脑中大量的记忆存储空间。我仍然记得很多我生命中的第一次,但上一次是什么时候?我上一次做同样的事情是什么时候?我们很难记住。

二

我们的时间感是自相矛盾的。当我们在经历和回忆某件事时,对时间的感知是不同的。在周末旅行的当时,时间过得飞快。但在我们的记忆中,它却一直在延伸,与在家里度过的周末相比,它似乎要长得多。火车延误时,等待的过程总是很长。但几天后,我们几乎不记得它了,它在经历的旋涡中变得如此微不足道。当我们被困在这些时刻时,时间就像口香糖一样黏糊糊,似乎没有尽头。

家里有孩子的人肯定都听过孩子这样抱怨:"我太无聊了!"作为成年人,我们不再如此直白地表达我们的无聊,但它仍然存在。根据最新的调查,仅在美国,每年就有1000亿美元的工资是付给工作的无聊时间的。世界上各大都市的人们每年有200多个小时被困在交通拥堵中。我们坐在乏味的会议中,等待迟到的约会或平安夜的钟声。在这些瞬间,无聊见缝插针,对许多人来说,似乎这种感觉是难以忍受的,以至于他们宁愿电击自己来逃避无聊。但无聊到底是什么?

加拿大心理学家约翰·伊斯特伍德开设着可能是世界上唯一的无聊实验室，他对无聊的定义是无法从事令人满意的活动的体验。无聊不单单是指无事可做，闲得发慌，还指缺乏意义。无聊的人难以集中注意力，他们无精打采、缺乏动力并感到疲劳。他们一方面昏昏欲睡，另一方面又感到不安和烦躁。尽管这种感觉可能是不愉快的，但研究人员坚信，无聊对我们人类来说还是非常重要的，它具有许多积极的方面。就像恐惧一样，无聊也想向我们展示一些内心深处的东西。

多年来，美国路易斯维尔大学哲学教授安德烈亚斯·埃尔皮多鲁一直在研究无聊，他也是首批提出无聊对生活有用理论的哲学家。在我们的谈论中，他向我解释说，人们很容易把无聊和放松混为一谈，因为两者都是不活跃的状态，但核心区别在于评价。"没有人喜欢无聊。"埃尔皮多鲁说道。因为这种感觉很糟糕。如果感觉良好，那就不是真的无聊。于是，无聊就被定义为不愉快的事。

既然如此，那么为什么无聊对我们来说还是非常重要的呢？让我们将其和疼痛来比较一下，一切就不言自明了。当我们的身体感觉异样，疼痛就产生了。疼痛让我们注意到，身体出现了状况，我们应该着手解决。如果我们长时间坐在一张坏椅子上，就会感到背痛。疼痛给了我们一个明确的信号，让我们改变坐姿，最好是站起来，走动走动。无聊对我们的心理也有类似的警告作用。它提醒我们是时候改变一下了。埃尔皮多鲁解释说："无聊是脑中的一种信号，引导我们回到正确的道路上。"它的作用是纠正我们的思想,帮助我们了解哪些事不能满足我们和推动我们前进。没有什么比无聊更能让我们感知我们已经做的事和我们想要做的事之间的差距了。如果差异很大,我们就会感到不舒服。无聊会提醒我们,正在做的事情并不能满足我们,并会产生一个"坏的"感觉,我们需要积极面对。但我们恰恰并不想听取无聊的意见,因为如果听从了无聊,就必须批判性地质疑自己的行为,甚至需要重新思考。谁会喜欢呢?这就是为什么我们常常通过分散注意力缓解我们的无聊,或通过服药压制我们的痛苦和驱散我们的恐惧。

扪心自问,我们上次真正感到无聊是什么时候?当今社会几乎已经没有空间可以留给无聊。上班时我们忙忙碌碌,下班后我们忙着养育孩子。一旦无聊出现,我们可能手一挥就将其抛之脑后了。在新冠肺炎疫情期间,全城封锁,酒吧和电影院被迫关闭。我们就能很好地认识到,无聊是不太能被我们接受的。互联网还有所有的报纸和杂志,都在教你如何更好地利用突然出现的空闲时间。我看到很多人因此承受着压力,想着立即把这突如其来的自由时间全部填补上,开始一个网上学习项目、调理身体、粉刷厨房,唯独不能让无聊出现。

我们总是把无聊这种不愉快的感觉扼杀在萌芽状态,妄图掩耳盗铃。我们就像对待痛苦和恐惧一样,对这个我们急需的、为生活指明方向的指南针充耳不闻。

你或许根本想不到,无聊并不是数字化时代的产物,早在古代它就被轻蔑地称为"僧侣病"。在中世纪,欧洲教会甚至认为无聊是一种恶习。相比之下,生活在现代的我们是多么容易避免无聊。各种长期存在的干扰因素会消散我们好不容易建立起来的内在时间感。

如果你想给无聊一个机会,而后体验对时间的不同感知,就应该考虑无聊好的一面。除了可以给生活指引正确方向和激励自我,无聊的价值还体现在可以沉浸于自己的想法中。我们的思想就像在漫步,在这个过程中,可能会出现一些意想不到的想法。事实上,多年来人们都在研究,无聊到底能否提高我们的创造力。为此,人们被要求在各个实验中完成漫长而单调的任务。一些受试者必须持续盯着屏幕,一些受试者必须将一碗混合在一起的红豆和绿豆按照颜色进行分类,还有一些受试者必须将电话簿中的号码逐页进行复制。在经历规定的无聊时光后,他们中的大多数人在创造力测试中的表现明显优于对照组成员。这些对照组包括允许受试者在测试过程中开小差,或者强迫受试者完成派发的任务。尽管这一领域的研究仍处于起步阶段,但有很多迹象表明:如果你允许无聊的存在,它会激励你创新。

此外,无聊也是更加深入了解自己的机会。根据安德烈亚斯·埃尔皮多鲁教授的说法,无聊推动了个人成长和自我探寻,并温柔地将我们推离舒适区。在2009年的一项研究中,研究人员对123对美国夫妇进行调查后发现:重叠的爱情圆圈与婚姻满意度和无聊有着很大的关联。经历七年之痒的夫妇会彼此疏远。如果他们9年后还在一起,满意度更是直线下降。由此来看，认真对待无聊并将无聊看作是重新调整的动力是多么重要。埃尔皮多鲁教授总结道："想要将无聊为我所用，第一步就是要充分了解无聊能为我们做什么。"

无聊会不经意间出现在日常生活中，在候车室里，在超市排队或堵车时。当我们无法忍受上厕所时的那几分钟无聊，想着播放音乐来打发时间时，无聊当然也就很难发挥它的作用。现在已经有研究表明，无聊可以让我们的大脑喘口气。当我们什么都不做的时候，大脑并不是直接就关机了，而是进入了一个特殊的模式，我们叫它：默认网络。这个模式对处理我们以往的经历经验以及我们的情绪来说非常关键，简单来说，它可以处理我们的生活，是我们每个人都需要的一种模式。

"你必须花时间坐下来，静静地审视面前的自己。"据说，阿斯特丽德·林格伦曾说过这样的话，并称这是现代心理学的核心。能否忍受无聊，与内心是否平静有很大关系，无聊自己来了又走，诀窍在于允许无聊占据一定的时间，即使这很困难。因为我们习惯于快速驱散无聊，消除无聊，来达到表面上的充实，但这不足以将时间变成美好的时光。每隔一段时间，我们就需要一些无聊的时刻来磨炼自己，倾听自己的心声，将我们的目标与我们选择的道路进行比较。

三

我们无法改变时间的物理长度。当我写下这几行字时，几秒钟过去了，此刻变成了过去，今天变成了昨天，我们无法阻止。然而，我们可以改变我们对时间的感知。而要做到这一点，我们必须有意识地体验时间。特别是在现代社会，因为我们的时间感越来越少地取决于固定的生活模式。在过去，春、夏、秋、冬不仅构成了一年，同时也构建了人们的行为——人们在春天播种，夏天在田间劳作，秋天收割，冬天休整和在室内工作。通过这种方式，人们有意识地、深入地感受到了四季的变化。对现代的我们来说，一年的结构已经变得不那么重要了，如今我们工作时间的长短不再由日出和日落决定。我们在每个季节都可以有新鲜的水果。如果我们在一月份想晒太阳，我们可以飞到加勒比海或去日光浴场。在以色列星巴克周六也照常营业，就像在意大利罗马周末也全天营业一样。我们把黑夜变成白天，三班倒地工作。"工作"和"生活"之间的界限已经越来越模糊。我们可以全天不断接收和阅读电子邮件。由于有了弹性工作制和家庭办公，我们可以自由地决定我们的工作日何时开始以及工作是否有结束的时候。

但这种灵活度是有代价的。在初创企业中，没有考勤打卡，也没有下班。而这两者本来可以给我们的大脑发出一个明确的信号：现在该停止工作了。我们的时间感会因为框架缺失而失灵。如果时间是一种感觉，而这种感觉越来越个性化，越来越自由，那么我们就要对自身的时间感负责。时间感经常变化，由我们想要处理和保留的信息量决定，也由我们给予每秒、分、小时和天的价值决定。

当感觉时间过得太快或太慢时，我们可以积极地进行干预。习惯和惯例侵蚀了我们的时间感，我们大脑反复处理这些信息和流程，于是它们就找到了捷径，它们以更快的速度到达目的地，大脑节省了时间，但也省去了记忆。当然我们不可能每天都从一座塔顶上纵身一跃跳入安全网，以此刺激大脑，为发生的事留出更多的存储空间。但我们可以做的是去体验新事物。试想一下，我们的大脑给了童年的经历多少空间。通过孩子的眼睛，你会意识到，我们周围的世界仍然充满着许多第一次的体验。一种新的工作方式可以算作第一次的体验，尝试烹饪三道菜也是第一次的体验。如果你喜欢更宏大一点的计划，可以参与到社区服务中去，最好是一个迄今为止完全未知的领域。让我们推大脑一把，今天开始尝试做一些第一次或最后一次的小事，因为这也能起到作用。有的时候在最后一次做某事时可以发现特别之处。让我们在半年内最后一次去我们最喜欢的餐厅用餐；3个月内最后一次看网飞度过晚上的时光；一年内最后一次吃我们最喜欢的冰激凌。最后一次可以像第一次一样在情感上令人激动，哪怕这个最后一次只是暂时的。

当我们在创造情感记忆时会让时间减慢，从复活节到圣诞节之间的这段日子里，如果我们只是按部就班地做该做的事，那么在圣诞节来临时，就会惊讶于这几个月为什么过得这么快。打破按部就班就可以让我们的大脑不只是潦草地记录下我们的所见所感，而是创造更多的记忆储存空间，这样我们就能摆脱时光的飞逝。

根据我以往的经验，偶尔改变看待事物的角度也能让时间缓慢下来。我们匆匆忙忙地过着我们的生活，努力保持奔向未来的步伐。但未来会给我们带来什么？企业家努力创新，投资者们试图预测投资的风向，我们总是购买最新技术的产品，因为在我们的印象里，只有这样我们才能离未来更近一步。在我们的技术世界里，一切都服务于未来。"在过去，新发明必须有合理依据，而不是旧东西的延续，这在最初是不言而喻的。"吕迪格·萨夫兰斯基写道，"今天情况正好相反，是传统反过来要证明自己，而不是创新。"未来能给我们带来什么？这样的问题无处不在。就像一个眼前绑着一根胡萝卜的驴子一样，一直追着头顶的胡萝卜跑，人们追着未来跑，虽然永远不能到达目的地，却可以用不同的方式来面对时间。

4000 年前，在中东的美索不达米亚，巴比伦人将过去定义为眼前的东西。巴比伦语中的"过去"，与表示"前面"和"面部"的词语有着相同的词根。反之，未来这个词，在语言学上与"后面"和"背部"等词语密切相关。当你第一次听到这样的解释时，或许觉得很难理解，因为在我们的世界里，未来就在我们面前而不是在我们身后。对我们来说，未来是要向前看的。而巴比伦人则是背对着走近未来。想象一下，你正坐在火车上。火车正朝着未来行驶。你朝窗外的方向看去，一切都扑面而来。铁轨边缘的树木就这样从你身边飞驰而过，从中你体会到了火车的速度。同一辆火车上，一个巴比伦人从窗户朝后看去。从这个角度看，树木并没有加速扑面而来，而是每往前行驶一米，树木就会减速离开视线，回忆的宽度减缓了时间的速度。

如果像巴比伦人那样感受时间，在走向未来的每一步中就会看到过去不断累积的成果。但是，如果像我们现代人一样，只着眼未来，过去留下的东西就会所剩无几。因为未来还没有到来，而现在只持续了一瞬间，而过去无论如何是看不到了。忽视过去的影响，终会失去对时间的判断。

我非常喜欢巴比伦人的想法，所以我自己也试图一次又一次地应用他们的时间观。我在每个月月末写下一些句子，简短地说说我在过去四周经历的事情，这对我很有帮助。我静下来，有意识地回头看看记忆的长河，努力回忆那些小事情。然后我把它写在一个便条本上，一张纸上或我手头的任何东西上。有时纸条不见了，或者我索性扔掉了。我的目的不是要把我的记忆永恒地记录下来，而是要练习"回头看"这件事。事实上，我发现我变得更善于关注日常生活中的每个瞬间，因为我想在月底的时候记录下来。最近的一次记录并不是在新年前夜，而是在圣诞前夜，就在圣诞钟声响起的几个小时前。让我欣慰的是，当我回顾降临节到圣诞节这4周的时光时，有很多记忆片段可供我选择，这证明了我又回到了正确的道路上。我又变回了儿童时期的我，那个对着圣诞节有着无尽期盼的我，那个觉得时间如此缓慢的我。

第四章

愤怒的诸多面孔

我们的愤怒何去何从

> 人民光是愤怒还远远不够。最重要的是，利用愤怒把人民组织和团结起来，将他们的愤怒化为一股变革的力量。
>
> ——马丁·路德·金

"我无法呼吸了！"2020年5月25日，乔治·弗洛伊德躺在地上，一遍遍呻吟着。警察德里克·肖万将膝盖抵在弗洛伊德的脖子上长达8分46秒。这一非人道的画面几乎让人无法忍受，面对苦苦求饶的人，怎么会有人忍心用膝盖抵在他的颈动脉上？这种不公正的现象令人震惊和愤怒，而怒火也很快传遍了美国的大街小巷，蔓延到了世界各地。

如今，愤怒充斥在我们的社会生活中。在西班牙，加泰罗尼亚人正发泄他们的不满。在法国，黄背心抗议运动应运而生。在英国，脱欧激发了民众的不满情绪。在白俄罗斯和波兰，女性对男性掌权者提出抗议。在德国，愤怒的民众对于将要建在地下的火车站和地面的电网已经忍无可忍。

在日常生活中，愤怒一次次上演：我们必须应付因为愤怒已经完全失控的上司，我们不得不忍受大街上因为父母不给买冰激凌吃而大喊大叫的孩子们。但是谁又不曾被愤怒碾压过呢？前面的车以每小时 30 公里的龟速爬行，我们生气地猛打方向盘；在结束一天的劳累工作后，我们回到家竟然会因为爱人的一点小失误而大发雷霆；不懂感恩的老板、难缠的客户提出的无礼要求和无组织无纪律的工作团队，早已让我们筋疲力尽。而社交媒体似乎更是成了各种愤怒的宣泄口，仅仅因为餐厅的食物不够完美，人们为了泄愤，立马就动手给出一颗星的差评，或者在别人的评论区里和其他人吵得不可开交。

一

实际上，我们一直在努力追求和谐。毕竟，在会议中用拳头猛捶桌面或对孩子大吼大叫是不对的——我们需要在日常生活中保持冷静。于是，一旦我们发泄了愤怒，羞耻感就会立马涌上来。因为我们所处的社会中，公开表达愤怒是不受欢迎的，愤怒的人被认为是感情用事且反复无常的，因此我们要极力控制自己的愤怒。因为害怕自己当众出丑或者显得自己无法控制自己的情绪，我们宁愿压制愤怒。这种行为其实存在一定的风险，就像恐惧一样，越压制，它就越会不断累积，直至在某一刻真正爆发。非暴力抵抗的代表人物甘地透过愤怒的力量看到了人类将愤怒为己所用的机会。他的孙子阿伦是一个好斗、不守规矩的孩子。甘地在从道场接他回来的路上对他说："我很高兴愤怒能为你做这么多。愤怒是一件好事。我也要一直保持愤怒。"阿伦不明白地问道："可我以前从未见过你生气。""因为我已经学会了将愤怒为我所用。"甘地回答道，"愤怒对于一个人来说就像汽车的汽油一样,它能让你全速前进,去往更好的地方。"

那么,愤怒究竟是什么?它从何而来?什么时候它能成为提供动力的强大燃料,而什么时候它会不受控制地爆发,到处搞破坏?参照下方的十字图,我们可以进行简单的判断,将情绪依照强度和产生的影响进行分类。

横轴两端的"感觉不适"和"感觉良好"代表的是情绪

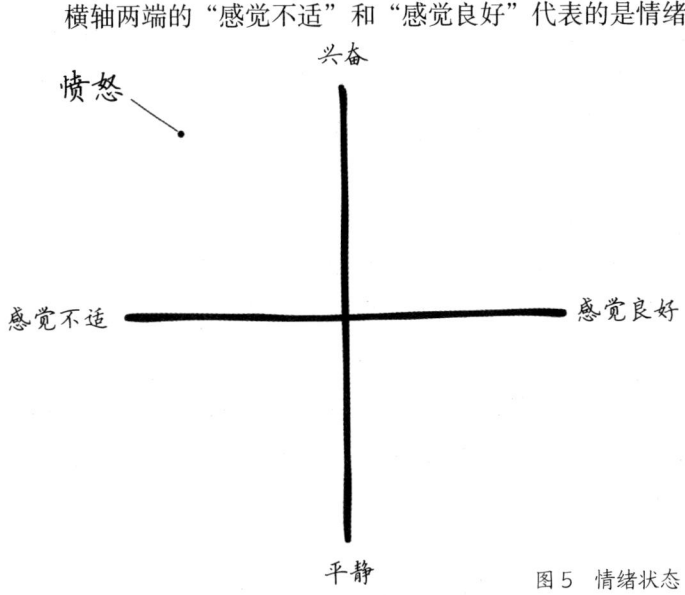

图5 情绪状态

的舒适值,越让人舒适的情绪,越靠近右端。恐惧、无聊和愤怒则位于左侧。

与之十字交叉的纵轴两端是"兴奋"和"平静"。当我们度假时,在太阳底下放松并满足地躺在躺椅上打瞌睡时,我们感觉很好,很平静——如果要给我们此时的情绪在这幅

第四章 愤怒的诸多面孔 我们的愤怒何去何从

图中安排一个位置，应该是右下方。反之，当我们在拉斯维加斯赌场的老虎机上赢了钱，虽然感觉也很好，但同时我们也很兴奋，此时的情绪则位于图表的右上角。无聊虽然让我们感觉不好，却让我们很平静，恐惧与之相比虽然让人更加不快，却可以在不同情况下，让人因为刺激而兴奋，也让人因为太过麻木而平静。借助这样一个图表，我们可以清晰地表示出我们的情绪状态。那么我们会把愤怒放到图中的哪个地方呢？我们中的大多数人可能会把它放到图中的最左上角。愤怒给人的感觉不好，并能引起我们强烈的兴奋。但事实并非如此简单，因为这样的分类是片面的。

受到不公正的待遇、被压迫、被嘲笑或亲眼看到一个人在我们面前被虐待时，愤怒便不期而至。在这些时刻，兴奋值上升、不断上升直至愤怒爆发。随着愤怒的爆发，大脑似乎停止了运作。美国原总统托马斯·杰斐逊曾建议道："如果你很生气，在心里默默数到10，然后再开口说话。如果你非常生气，就默默数到100。"这是很明智的建议，却很难运用到实际生活中去。

愤怒时，人们往往会说一些将来可能会后悔的话。在冲突时，愤怒或许会让人走向犯罪。但即使是严酷的德国刑法，也考虑到了愤怒会蒙蔽人的双眼。如果受害者"激怒了肇事者"，即使发生了死亡事件，也可能根据情节减轻处罚。一旦愤怒燃烧起来，就难以控制，最终会导致我们失去理智，酿成恶果。就像由于膝盖骨下方受到敲击而产生的膝跳反射一样，人们认为愤怒也是对环境刺激的自动反应，因此愤怒是所谓的基本情绪之一。相应地，不论文化、年龄、性别或背景如何，人们都会以同样的方式经历和表达愤怒，这是一个普遍存在的因果关系。当大脑中的"愤怒神经元"受到刺激时，我们的脸涨得通红，眉心紧锁，额头上出现一道深深的皱纹，即所谓的愤怒皱纹，我们不知道该如何去思考，我们被愤怒蒙蔽了双眼，回到相当原始的状态，可以说，发怒的人让自己变回了一只原始的猴子。但是，正如我所说的，事情并没有那么简单。多年来，有一位女士一直在试图通过各种科学手段来重新诠释愤怒。

莉莎·费德曼·巴雷特是波士顿东北大学的心理学教授。在她的讲座开始前，她都会展示一张被无限放大的图片，上面显示了一张女人的脸。人们看到这个女人的脸颊上满是泪水，嘴张得很大，眉毛抽搐着。因此给人一个印象，这个女人一定遭遇了什么坏事。她的脸上显示出极大的愤怒、绝望和痛苦。但随后巴雷特教授展示了这个图片的完整画面。图上的女人是网球运动员塞雷娜·威廉姆斯，她刚刚在美国网球公开赛决赛中战胜了她姐姐，她高兴地大喊，如释重负。如此看来，这是两种完全不同的心理状态，仅仅通过面部表情是无法清楚地辨别出到底是愤怒，还是别的什么。

在过去的几十年里，巴雷特教授团队的研究成员曾前往世界上最偏远的角落，向生活在那里的人们展示愤怒面孔的照片。研究结果显示，厄瓜多尔的猎头族、巴布亚新几内亚的福雷部落、坦桑尼亚的哈扎人、美国人和欧洲人在表达愤怒的方式上存在着意想不到的多样性。"不存在一致性。"

巴雷特教授告诉我。虽然表达愤怒的方式之间有一定程度的相似性（特别是在同一文化内部），但明确统一的模式是不存在的。这也同面部肌肉测量实验的结果不谋而合，当被试者在经历不同的情绪时，研究人员用电极测量他们的面部肌肉，测量结果显示出了差异，并没有一致性。

这一点同样适用于身体的物理反应。即便是进行了四次元分析——即对大量数据集的研究总结——研究人员也无法找到一种明确与愤怒有关的身体行为模式，从而有效地将愤怒与厌恶、喜悦、恐惧、惊讶或悲伤这五种基本情绪区分开来。"等一下，"您可能会质疑，"但恐惧的感觉与愤怒或喜悦非常不同。"是的，您的感觉是会有所不同，但我们表达自身感受的方式差异很大，因此也非常容易被误解。一张通红的脸可以表达恐惧、羞愧和愤怒，也可以表达赢得网球比赛的无尽喜悦。即使在大脑中，也没有一个"愤怒中心区"。巴雷特教授和她的团队回顾了过去20年关于愤怒和其他基本情绪的每一项神经学研究，涉及了约1300个实验对象以及对应的约100篇科学论文。巴雷特教授写道："总的来说，我们没有发现一个与愤怒相匹配的大脑区域。"因此，大脑中没有一个人人都有的愤怒中心，在我们生气发怒时开始运行。把这些新的观点结合起来，很明显，愤怒不可能是一种简单的反射，总是以同样的方式运行，恰恰相反，愤怒因人而异而且非常多面。

二

早在古希腊时期,人们便怀疑过愤怒是否是被平均分配给每一个人的,特别容易失控的人往往被称作拥有易怒的胆汁质性格。我们的身边都有脾气很暴躁的人,我清楚地记得多年前我的一位同事,他会因为一些小事或者毫无理由地变得非常生气。他有时会突然开始粗鲁地咒骂,或愤怒地将手边的东西摔碎。今天,科学家们不会再称他为易怒的胆汁质人,而是认为他拥有特质愤怒型人格。

拥有这种人格模式的人在生活中会比其他人更容易、更频繁、更强烈地爆发愤怒。一如既往,基因在当中起到了一定的作用,暴脾气是可以遗传的。但更重要的是,这些人在处理愤怒时无意中一定经历了三个认知过程,而这三个认知过程则引发了一系列的问题。首先,长期愤怒的人倾向于在一切事物和人身上感受到挑衅,老板给自己发了一封电子邮件,却忘了在邮件的最后和自己道别——多么无礼的行为!其次,他们会不断思考经历过的不愉快的事,他们想的不是"让我们忘记它,继续前进",而是继续不断地思考这件事。最后,他们没能成功地控制住自己的愤怒。如果一个人不能妥善处理好自己的愤怒,那他一定会深受其扰。

一个人是否具有易怒性格取决于诸多因素。如今有一系列的研究表明,父母的易怒与子女的易怒有着密切的联系,如果父母易怒,经常互相侮辱,自由发泄他们的愤怒,这种易怒性格很有可能会传给后代。

一个人会易怒到什么程度，其实关乎性格，而性格又受基因和环境的影响，这当中还包括教养。目前来看已经很清楚了，愤怒是非常个人化的情绪。此外，偏见也是很重要的影响因素。在很多人心目中，愤怒是男人的专属特性。事实上，据统计，男人和女人愤怒的频率大致相同，而特质性愤怒人格在男性和女性中所占的比例也十分接近。值得注意的是，当受试者被要求想象一张愤怒的脸庞时，无论受试者是什么性别，率先浮现在他们脑海中的都是一张男性的脸庞。平均来看，人的大脑在识别一张因愤怒而扭曲的女人脸庞时需要花费更多的时间，而识别男性愤怒脸庞时往往反应迅速。我们的大脑被迷惑了，对愤怒的女性脸庞需要更多的时间进行反应，仿佛愤怒就不该出现在女性的脸上，早在儿童时期我们就认识到了这一点。

美国心理学家帕梅拉·科尔曾做过一项研究，并得出了这样一个结论，母亲们（她并没有观察父亲们的反应）对儿子的愤怒给出积极反馈的频率要比对女儿的平均高出2倍。除此之外，科尔还发现，相较于回应女儿的愤怒，母亲对女儿积极情绪的回应频率是愤怒情绪的5倍。这就意味着，如果女儿莱拉欢呼雀跃，则能获得母亲的关注。反之，如果莱拉生气，则会被母亲无视，因为愤怒仿佛不应在她身上发生。但是她对待儿子的方式却大不相同，母亲会对儿子芬恩的愤怒和快乐给予相同的关注。

虽然男性和女性爆发愤怒的频率大致相同，但是社会却期待女性不要展现出她们的愤怒。几个世纪以来，癔症被认为是一种心理疾病，也被认为是女性的专属疾病。据说可以用自慰器进行性刺激的方式治愈这种专属疾病。如果一名女性有紧张不安、易怒和暴怒的症状，就会被诊断为癔症。但反之如果男性有上述症状，则会不了了之。这一延续至今的偏见给女性带来了严重的后果。因为女性的这些情绪不被社会接受，所以她们就必须独自消化这些情绪，这对于女性心理来说简直就是灾难。研究表明，被压抑的愤怒与抑郁、疼痛感增加，以及（女性）血压升高有着密切联系。在斯坦福大学的一项实验中，被试者被要求在谈话中主动压抑自己的情绪，结果无一例外地引发了压力和冲突，即使谈话双方都是女性也导致了同样的结果。

一种适用于所有人的生气模式是不存在的。丽莎在我们的谈话中表明："对于情绪模式的设想是行不通的，数据也无法支持这样的设想。"不存在一种唯一的恐惧模式、厌恶模式、喜悦模式、惊讶模式或是悲伤模式——我们各自表达情绪的方式完全不同——表达愤怒的方式自然也不同。愤怒是一种所有人以相同的方式经历的普遍体验——这种设想经不起科学研究的考验。为了适当地处理我们的愤怒，我们需要十分个性化的方法。有一种新型的科学概念：情绪粒度可以帮助我们。这个术语听起来诚然有些笨拙，尤其是被翻译成德语时——情绪颗粒度。但如果我们回想下对颜色——红色的定义，就能更好地理解这个概念了。

爱德华·蒙克在其画作《呐喊》中展示了一个人物形象，他张大嘴在呐喊。外行人也许会说，他身后的地平线是红色的，而艺术鉴赏家则会认为这是多种颜色巧妙融合的结果，包括土耳其红色、紫色、珍珠粉色、朱红色、赤土色和提香色，各种各样的红色巧妙调和到一起，形成了画中的红色。愤怒就像画中的红色一样，拥有很多不同的色调。有时是火红色的，像愤怒、狂暴或狂热；有时是暗红色的，像怨恨、闷闷不乐或满腹牢骚。"我很生气"这句话就像"天空是红色的"一样包含了太多的信息。情绪粒度要求我们仔细观察并准确描述自己的感觉。就像颜色有粒度一样，我们也赋予情绪粒度。如果我们把不同愤怒的色调带回到上文中提到的十字图中，就能很清楚地看到，愤怒并不是一个位于左上象限的某个点，而是分散在左上角的10多个点，就如同红色有10多种不同的色调一样。

愤怒的色调的分类似乎是无穷无尽的，在不同语言中，人们有许多表示愤怒的词汇。在俄语中，描述对另一个人的愤怒和对政治局面的愤怒所用的词是不一样的。在中文普通话中，除了我们经常所用的愤怒一词，还有一种对自己的愤怒，中文把它叫作悔恨，它混合着仇恨和遗憾。当一个人做了一件不可原谅的事情时，就会悔恨。在泰国，光已知的就有7种不同的愤怒表达形式，而印度与愤怒有关的表述更是数不胜数。

加州大学伯克利分校的语言教师阿比吉特·保罗向我描述了一种愤怒的形式，逐字翻译过来是"一片茄子刚刚落入热油的时刻"。指的是当我们遇到真正让我们恼火的事情时的勃然大怒。而在印度，当一个人被自己所爱之人挑衅到极

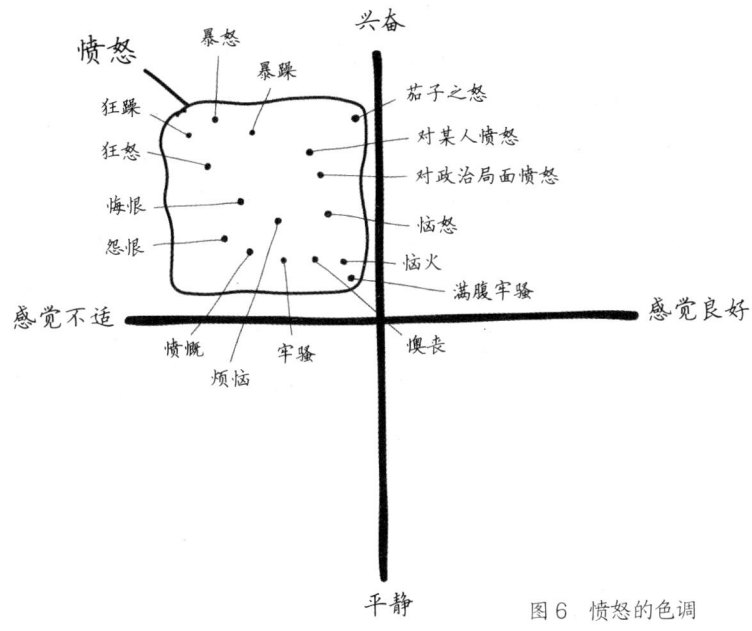

图 6 愤怒的色调

点时，就是"茄子之怒"。愤怒到足以杀死对方，但同时又对对方还怀有无限的爱意。当我还是小孩时，被我弟弟气得血液倒流，现在回想起来，我觉得那时我体会到了所谓印度式的茄子之怒。我被气得口吐白沫，但同时又对我弟弟有着深深的爱意。之前，我一直不知道该用什么词来形容这种矛盾的感觉，直到保罗告诉了我什么叫茄子之怒。

为了能更好地了解什么是情绪粒度，莉莎建议大家去想象一下，如果我们只能用"我觉得很好"和"我觉得糟糕"这两句话去表达我们的情绪会变得怎么样。结果就是对自己或对他人的情绪只有两个极端——非黑即白。我们发现，"我觉得很好"背后隐藏着多重的含义——快乐、满意、放松、热情、鼓舞、自豪或感激。而"我觉得糟糕"其实蕴含着——

第四章 愤怒的诸多面孔 我们的愤怒何去何从

愤怒、羞愧、绝望、动摇、悲伤、阴沉或悔恨。在情绪粒度的帮助下，我们可以帮助自己认识到在愤怒中我们面对的是什么以及该如何应对。莉莎从早期相关研究中发现，人类其实能够更准确地分辨出负面情绪，更灵活地处理它们，并使用更有效的策略避免其失控。例如大的概念——愤怒——可以衍生出许多不同的感觉，例如羞耻感、对失败的恐惧感或无助感。我们认为自己很愤怒，其实如果稍加思考，就会发现我们其实只是有点郁郁寡欢或者有点羞愧，但远远没有到怒火中烧、进而毁灭一切的地步。

三

想要更好地面对愤怒，首先就应该准确地表达自己的愤怒。我们需要通过语言将情感颗粒化。一项在美国62所学校开展的研究证实了这一点，在每周30分钟的训练中，孩子们会学习一些特定的词汇，以便更准确地描述他们的感受。这起到了效果，与未受过训练的儿童相比，他们在社会行为和学习成绩方面明显表现得更好。孩子们以游戏的方式学习情感世界的新词汇，并能更自如地运用这些词汇。

2012年一个研究小组在日记研究[①]中发现，那些更仔细观察自己愤怒并定义愤怒的人不那么容易被激怒，与那些没有那么仔细"感受"愤怒的人相比，也更不具攻击性。研究还表明，患有抑郁症或社会焦虑症的人通常不能准确地描述

---

① 译者注：日记研究是用于采集参与者在一段时间内的行为、活动、体验的定性数据的研究方法。通俗来讲，在研究期间，参与者需要坚持写日记，记录与研究相关活动的具体信息。

包括愤怒在内的负面情绪。当我们为事物命名时，我们才开始理解事物。就像画家一样，只有学会了识别颜色之间最细微的差别，才能将颜色为我所用。在这里，我们也可以丰富一下愤怒的"调色板"。

扩大词汇量有助于我们摸透愤怒不同色调间的细微差别。为了能够描述出我们的真实感受，我们可以使用在书籍、诗歌中读到的新词，或者自己发明的新词来进行表达。莉莎在这里推荐杰弗里·尤金尼德斯获得普利策奖的小说《中性》。这本书中有着许多很妙的表达,例如"始于中年的对镜子的憎恨""和你幻想之人做爱时的失望"或"由糟糕的餐馆触发的悲伤"。从这些例子中我们可以获得启发，开始创造自己的文字表达，从而来应对愤怒（或者其他感受）。当一个人因为所爱之人感到愤怒时，我们将来可以直接叫它茄子之怒。还有一种愤怒，或许目前还没有一个恰当的词语可以对它进行描述，这种愤怒就如同你去撕一个怎么撕都撕不开的塑料包装。一旦我们学会了更好地理解我们的愤怒，也就更容易设身处地为正在愤怒的人着想并对他们的感受做出回应。我们到底是应该安抚、谈判、争论，还是应该一走了之？当有人陷入茄子之怒时，我现在知道自己必须要做什么了——什么都不要做！因为这种愤怒来得快，去得也快。如果我对所爱之人感到愤怒，我会将愤怒先放一放，先想到这样的愤怒其实是爱与愤怒的混合物。然后意识到我对对方有很深的感情，如此一来就能更冷静地做出反应。反之，如果我的愤怒是因为一直争吵不断或是我单方面受到了侮辱，而我已经憋气好几天了，那我会试着和对方谈一谈，因为我知道这是摆脱这种愤怒的唯一方法。当我们练习得越多,越多发现不同愤怒之间的细微差别,我们也就越能理解自己和他人的愤怒。

仔细观察还有一个好处,我们可以正面处理这种情绪。被压抑的愤怒就像人际关系齿轮中的沙子。假如我善于假装和隐藏自己的感情,对方根本就不会知道我在生气。假如不善于伪装,对方就会感觉到异样。对方会问:"出什么事了?"但我们一般不会坦诚并愤怒地回答:"是的,我很生气,你对我的生活根本不感兴趣,你一直在喋喋不休地讲自己的工作。"而往往会回避直接冲突反问道:"能出什么事?"但是,我们的情绪并没有因为我们不发泄出来就消失了。有时,被压制的愤怒会变成被动的攻击行为,目的是为了让对方察觉到自己的异样。我们会用沉默惩罚对方或挖苦对方,比如"你难道不想减肥吗?"有时,我们甚至会用讽刺性的话语(比如"以你的水准来说已经不错了")来伤害对方。

我们应该学会面对自己的愤怒,并开口谈论它,并且越早越好。批评一个在超市里大喊大叫或在课堂上突然发狂的孩子并不会给他带来任何帮助。反之,如果开诚布公地谈论他们的行为,并试图与他们一起找出此刻的确切感受,会更容易让他们意识到愤怒突然爆发的原因。反过来说,成年人也应该给予孩子愤怒的空间。让孩子们知道,愤怒并不是禁忌。一旦我们理解自己的愤怒,就没有什么能阻止我们与他人分享愤怒的感受。愤怒在短时间内能提供大量信息,这是一种明朗的沟通方式。我们常常把愤怒包裹在礼节寒暄中,直到它彻底失去了表达力。如果我们不断压抑内心的怒火,不将其表达出来，那老板、同事、伴侣或孩子们怎么能注意到他们其实已经触碰了我们的底线呢？

建设性地表达和处理愤怒需要内外共同作用，而平衡是关键。莱斯大学的研究人员在2018年发现，在谈判中，那些看起来行为粗鲁的人比那些战战兢兢或根本不表现出愤怒的人表现要好。结论就是，在谈判桌上突然拍案而起确实是令人讨厌的，但完全不表达出任何不满却也显得毫无诚意。我们应当采取一种中庸之道，对上级或孩子发火对实现目标毫无帮助，真正有助于理解的方式是，明确告知对方此刻自己是哪种愤怒。

为了能找到正确的方法，我们应当打破广为流传的宣泄理论（Catharsis Theory）。Catharsis是希腊语，意思是净化。根据这一理论，为了摆脱愤怒，必须把愤怒发泄出来。在柏林，人们花179欧元就可以租到一个发泄室，房间里面有一把大锤和斧头，人们可以通过把房间里的家具拆个稀巴烂来实现真正的发泄。真是美妙的想法，不是吗？

但如果你认为通过这种方式就能摆脱愤怒，那就大错特错了。俄亥俄州立大学的布拉德·布什曼教授多年来一直在研究愤怒和攻击性的关系。在一个实验中，他让学生们写一篇短文，并告知他们：文章之后会交给其他同学来打分，他们获得的评价总是一样的，都被贬低得一无是处。文章写得很差、文章的结构不好，最终的评语只是草草一行，"这是我读过的最差的文章之一。"这已经足够让人生气了，也为真正的实验提供了充分的前提。学生们被随机分为三组。第一组被要求只是安静地坐着，耐心等待，什么都不做。另外两组人可以通过打击一个拳击球来发泄他们心中的愤怒,这两组中的一组被要求在脑中想象出他们之前看到的评分者的照片。之后,所有被试者都被问到了愤怒的感受,同时他们也获得了报复的机会——可以通过耳机给打分的同学播放刺耳的声音。

事实证明,最愤怒和最有攻击性的是这组人,他们一边打击拳击球一边在脑海中想象那把他们的作文贬得一无是处的人的样子。他们把刺耳的声音开得特别响,表现出迄今为止最大的愤怒。"这就像用汽油灭火一样,"布什曼教授向我解释道,"当我们生气时,跺脚、尖叫和骂人让人觉得很爽。75%以上的受试者都想要去击打那个拳击球。"他笑着说。然而,他强烈建议不要这样做。当我们有想要打枕头、歇斯底里地尖叫或在房间里摔东西的冲动时,兴奋感会特别强。如果你屈服于这种冲动,愤怒只会进一步升级,最终使自己身陷怒火之中。

只有当身体的能量耗尽时,兴奋度才会降低。因此,在树林里慢跑或在健身房锻炼直到筋疲力尽对我们十分有利。因为这样一来攻击性不会继续上升,兴奋与触发兴奋的诱因也得以脱钩,压力从而得以减少。布什曼强调说,重要的是要筋疲力尽。一般来说,通过攻击行为来发泄愤怒,无论是口头上还是身体上的,往往都会助长愤怒。相反,如果避免攻击行为,则可以从精神上跳脱出当下的情景,以便从外部去观察自己,像一只停在天花板上的苍蝇,俯视这一刻。2012年,有研究人员对这一方法进行了实验研究。受试者在面临困难的测试时被研究人员故意激怒,他们被要求一遍遍大声地说出解决方案,尽管受试者几乎已经是在叫喊了,他们依然被要求说得更大声一些。随后一些受试者被要求回顾他们经历的事情,但要从一个遥远的角度来观察,就像一只停在天花板上的苍蝇那样。心理距离,即所谓的"自我距离"在这当中起到了作用。与对照组相比,只有少数被要求这样做的受试者在事后表示自己的愤怒感和攻击性的想法没有少。研究小组解释说:"从更远的地方观察自己,人们就能感知到大局,而不是让自己停留在受害者的角色上。"

美国原总统托马斯·杰斐逊还有一些别的能帮助人们的建议,例如腹式呼吸(而不是通过胸腔)或者用心感受自己的愤怒,就像我们之前观察自己如何面对恐惧一样。愤怒究竟在哪里?在双手上,在肚子里还是在背上?身体是否有某些部分是完全平静的?极端特质愤怒型人格的患者在治疗过程中都会学习这些方法。当然这些方法也能帮助到其他人。

我现在经常回想起我那位非常容易暴怒的同事。我想他本人和我们当时都没有真正观察过这到底是怎么一回事。对我来说,他似乎一直在生气并且经常气得满脸通红。没有人试图辨别他每次生气时的细微差别,愤怒作为一种极端的情绪太令人生畏了。但现在回想起来,通过情绪粒度,我可以辨别出愤怒的不同色调。我现在可以肯定,他的大多数愤怒是源于对做错事的恐惧,而有时候更可能是出于羞耻感,他觉得自己的行为是在冒犯他人。愤怒不仅仅是那个十字图上标注的"最大限度的兴奋"和"最大限度的感觉不好",更多的是甘地对他的孙子阿伦所说的愤怒的好处。几十年来,一些人一直压抑自己的愤怒,因为在他们的认知中,愤怒是危险且不被他人期望的。而弗洛伊德的死就是被触碰到的底线，驱使数十万人走上世界各地的街头。"我们已经受够了结构性的种族主义。黑人的命也是命！"这不是在为暴乱辩解，而是愤怒的本身清楚地表明了，这是错误的，我们要向不公宣战。在 20 世纪初，已经受够了不公的女权运动者们为自己的选举权而战。德意志民主共和国的公民通过越来越多的抗议将自己从权力束缚中解放出来，或者旧金山的同性恋群体也通过开展一系列的抗议活动维护自身的利益——在这些时刻中，愤怒都说明人们已经忍受不公正的待遇太久了。

如果我们因为吵架而怀恨在心，那说明我们在乎这段感情，愤怒和冷漠是对立面，因为对我们没有任何意义的东西是不会让我们生气的。如果我们能利用好不同色调的愤怒，努力了解愤怒来自哪里，愤怒是什么，愤怒的能量想把我们带向何处，那么愤怒就能成为驱动引擎的汽油。愤怒向我们和对方表明，有些事情出了差错。我们越能清楚地描述出所经历的愤怒，就越容易找到摆脱委屈的方法。

如果更多的人能掌握情绪粒度，冲突就更不容易发生，我们也更愿意去倾听他人。在我们的社会中，愤怒声名狼藉。但随着不断地深入研究，人们对这种消极情绪也有了全新的认识。"愤怒是一种能量，它迫使我们区分什么是公平的，什么是不公平的，"甘地在道场教导他的孙子阿伦时说，"没有它，人就没有任何动力去面对问题。"

愤怒本身不是问题，而是迈向解决问题的第一步。

第五章

给大脑灌以"黄汤"

重回健康的饥饿感

> 人的身体和灵魂，对两者都要心怀敬意。
> 他们的关系就像紧身上衣和它的衬里，
> 弄皱了其中一件，另一件也不可幸免。
>
> ——劳伦斯·斯特恩

公元4世纪时，有位中国的大夫名叫葛洪，他发明了一种特殊的神药，即使是身患绝症的人也可以被治愈。尽管这种神药疗效显著，甚至在发现后不久就被列入了著名的《肘后备急方》中，但几乎没有人愿意用它来给自己治疗。无论是神奇的药效还是低廉的药价都不能改变它无人问津的事实，一旦人们知道这个药方的来源，就难免会觉得恶心。为了掩盖其来源，这种神奇的药方很快被冠以"黄汤"的别名，但即使这样也无济于事，因为药是棕色的而不是黄色的，也并没有汤的味道，还奇臭无比。于是，葛洪的这一神药就慢慢地从公众视野中消失至今。令人意想不到的是，近年来现代医学又重新复兴了"黄汤"，如果研究能成功破译这一神奇疗法，或许对重新掌控饥饿感——这一世界难题来说大有裨益。

中午 12 点，我走进火车站里的一个小超市，想为之后的旅程买一瓶水，以备不时之需。从明斯特出发到科隆需要 2 个小时，但既然我已经走进超市了，那就也买点吃的吧。水果区的东西都很健康，光是苹果就有至少 10 个不同的种类可供选择，还是说来点香蕉或者香蕉冰沙？但它能填饱肚子吗？就在这时，超市的烘焙区飘来诱人的香味——这是新鲜出炉的八字面包，香味通过我的鼻腔，不受控制地飘向我蜿蜒曲折的大脑深处。现在我直流口水。与此同时，我的胃在咆哮，我饿了。但这怎么可能呢？3 个小时前我刚刚吃了一顿丰盛的早餐，我的身体什么都不需要，但我的脑袋却发出了"饥饿"的信号。

一

乍一看，饥饿似乎根本不是一种感觉，而是一种机制。我们的细胞需要能量，而能量的主要来源是葡萄糖。如果太过缺乏葡萄糖，身体就会发出饥饿的信号，就像汽车的燃油指示灯一样，提示司机需要加油了。根据所谓的设定点理论，一旦体内的可用能量低于某一数值，饥饿感就会产生，提醒我们需要补充能量了。如果身体的油箱空了，信息就会传到大脑，饥饿感就此产生，促使我们进食。消化系统则将食物转化为能量，为身体所用。直到下一次再次低于设定点，饥饿感又卷土重来。这样简单的、机械的因果关系，貌似很合理，但却是错误的。

因为根据设定点理论，一旦身体的"油箱"加满，我们就应该停止进食，换言之，只有能量低于设定点时才应该感到饥饿。虽然这种解释依然反复出现在许多教科书中，但在科学界，这一理论早已过时。就像人体其他的感觉一样，饥饿感也是复杂的，不总是遵循相同的模式。

一个美国实验室在 2005 年进行了一项实验，两组受试者面前都放着一盘番茄汤。在用餐期间，一组的番茄汤通过桌子上的管子被不断地悄悄加满。这组人平均比对照组多喝了 73% 的番茄汤。饭后每个人被要求估计他们大概喝了多少汤，以及饱腹程度。

调查问卷的分析显示，不断被悄悄盛满汤的受试者确信他们没有喝更多的汤。而且与对照组相比，他们也并没有特别明显的饱腹感。饱腹的感觉对于他们来说取决于盘子里有多少番茄汤，而不是他们从食物中实际摄取的能量。

番茄汤的实验只是众多与设定点理论相悖实验中的一个。如果在餐前或用餐时饮用高热量饮料，我们并不会因为饮料其实也给身体提供了能量而减少进食，有时我们甚至吃得更多。与他人一起用餐时，人们大约会多吃 50% 的食物。这些发现非常符合我们的实际情况，当我在超市里肚子咕咕叫时，我才刚刚吃了早餐，我的能量储备远远还没消耗光。即便刚吃完一顿丰盛的晚餐，我们仍会因为草莓冰激凌或巧克力慕斯而感到饥饿，再之后可能还想吃点咸的坚果或油炸的薯片。当我们为旅行准备了食物，才刚刚坐上汽车、火车或飞机时，我们就又开始吃了。这时虽然我们的身体已经有足够可支配的能量，但还是渴望食物。这种状态有些人称之为食欲、饥渴或嘴馋。然而在现实中，饥饿的诱因也是多样的，饥饿是一种感觉。当我们感到真正的饱足时，我们就不再想进食了。也就是说，饥饿的本质是对吃的欲望。像其他所有的感觉一样，饥饿也涉及生理构造。胃部在某一时刻会被填满，从而抑制了饥饿感。但这只是影响饥饿感的众多因素之一。如果我们把饥饿当作一种感觉来对待，我们就会由此获得一种全新的营养摄入方法。同时也会惊讶地发现，这能很大程度地促进心理的健康。因为饥饿首先是心理问题。想要进一步认识这种饥饿感，我们首先要回看历史。

我们的祖先，以狩猎和采集食物为生。他们永远无法确认，什么时候才能吃到下一顿饭。他们能存活下来，完全是因为他们一有机会就进食。当他们路过挂满成熟浆果的灌木丛时，他们往往会多吃一些，以便挨到下一次进食。如果真的有这么一个设定值能够遏制饥饿，那我们的祖先就无法存储能量了。

在进化的过程中，我们进化出了一种饥饿的感觉。这种感觉不是简单地由胃是否被填满决定，而是为了挨到下一次的进食。现在我们的身体仍然遵照这一原则在运作。当身体缺乏能量时，饥饿便会前来报到，我们甚至会饿极成怒（hangry）。相反，饥饿感的消退却是一个漫长的过程。有时，饥饿感甚至会阴魂不散——尽管我们已经通过进食摄入了足够的能量。假如我们生活在一个食物匮乏的世界，那么摄入的能量多于消耗的能量是可以给我们带来安全感的。从这个角度来看，能量的过度摄入也是一种具有建设性的能量平衡，而我们的身体也允许这样的平衡。当我们好不容易储备的脂肪被消耗时，警钟会立即响起，因为在以前，这意味着人们遇到了紧急情况。在这样的情况下，远古时代的早期人类就会担忧不已——这不难理解，因为他们可能无法找到足够的食物，这种担忧就是通过饥饿感表现出来的。因此饥饿的运行方式并不是像设定点理论那样的简单，如果能看到这当中其实是许多不同激素的共同作用，一切就都明了了。

在众多的激素中，胰岛素能够确保身体细胞从血液中吸收糖分，从而降低血糖水平。最新的研究表明，胰岛素不仅作用于身体的细胞中，还直接作用于大脑对饱腹感的反应中。除此之外，瘦素也参与其中，它形成于脂肪组织中，并通过脂肪组织进入血液，最终到达大脑的下丘脑中。下丘脑传送信息，抑制饥饿感，因为此时身体已经有足够的能量储备。然而，如果我们长期处于过多储备的状态中，下丘脑便会长期接受高剂量的瘦素并对其产生抵抗，瘦素也就失去了它原有的功效，这就是为什么肥胖的人不能停止进食的原因。

现代科学认为，饥饿是被诱发的。也就是说，我们的进食行为往往是在特定刺激下发生的。例如，身体中的葡萄糖太少，身体的"燃料箱"空空如也，这是引起饥饿感的一个诱因。这就是为什么在山中长途跋涉后，我们会感到饥饿。此外，还有无数其他的刺激因素会引发饥饿感或帮助我们保持饥饿感："照片墙"（Instagram）上一张比萨的照片，面包店里新鲜出炉的八字面包飘来的香味，等待飞机起飞的无聊时刻，或因为失恋导致的心碎，等等。有时感到饥饿只是因为我们面前有食物，例如在酒店吃自助餐。或者因为办公室里时钟的指针已经快指向 12 点,而我们总是在这个时候去食堂吃饭。可以触发饥饿的诱因几张纸都写不完。重要的是,我们要了解,许多不同的刺激物都可以触发我们的饥饿感,而食品行业早就深谙其道,他们会利用不同的方式,针对性地诱发我们的饥饿感。

电视广告中,一位意大利的母亲笑盈盈地把一锅热气腾腾的番茄酱放在方格桌布上,桌布上放着新鲜的洋葱和绿罗勒。从理性出发,我们很清楚,广告宣传的罐装成品番茄酱与广告中展现的饮食传统以及优质的食材毫无关联,但在饥饿感面前,理性不值一提。饥饿感一触即发,因为我们清楚地记得番茄酱的味道是多么的香甜浓郁。"当你饥饿的时候,你就不是你自己了。"零食生产商这样告诉我们,并向我们极力推荐——当我们感到愤怒时,来个夹心巧克力吧,因为它可以帮助我们迅速平静下来。多么荒谬的想法!某些零食中基本上只有糖,对我们的身体来说无疑是一种额外的负担,并且它完全不含任何可以使我们放松的成分。连锁快餐公司通过向我们展示在郁郁葱葱的草地上吃着草的牛,让我们渴望吃汉堡包。如果有人肯花心思仔细研究他们的网站,就会发现,每一块汉堡肉饼是由近 100 多头牛的肉混合制成的。然而在其餐厅里,我们却只能看到他们将油炸肉饼打着"百分百牛肉"的旗号卖给顾客。虽然这种行为谈不上是欺骗,但动物运输、屠宰过程以及最终的肉类混合却在广告中只字未提。

食物不仅被虚假宣传,还常常被直接操纵。例如,鱼肉三明治上的烟熏三文鱼,通常不是真正的鲑鱼,而是太平洋狭鳕，它属于鳕鱼家族，并被食品工业冠以"阿拉斯加狭鳕"的别名进行售卖。借助 A 类胭脂红，一种从焦油中提炼的化学制品，可以将狭鳕的白色鱼肉染成三文鱼的粉红色。这种颜色可以唤醒我们内心对于新鲜三文鱼的食欲，然而，这种染料存在危害人体健康的风险，并有可能导致儿童罹患多动症。但我们的饥饿感可不知道这些。德国本土食品公司 Popp Feinkost 曾在 2015 年——依照欧盟限令——在其阿拉斯加狭鳕的包装上注明："可能导致儿童行为异常，无法集中注意力。"这就是 21 世纪"食品"的现状。

即便是我们自以为安全的食品，实际上也存在着欺骗。在进化的过程中，我们了解到水果中的甜度代表了充足的维生素和成熟度。这就是为什么我们特别喜欢甜的水果，如"粉红女士"苹果。"每日一苹果，医生远离我"——这曾经是真的。但绿色和平组织特别警告称，与原先的苹果品种相比，"粉红女士"含有的多酚类化合物更少，而多酚类化合物作为水果的天然防御成分不仅能防治害虫，避免引起我们过敏，还能增强我们的抵抗力。但多酚类化合物同时也会让苹果更容易氧化变棕，而变棕的苹果是很难销售出去的。人们可以通过喷洒杀虫剂来弥补"粉红女士"抗虫能力较弱的缺陷，而消费者在购买时并不能用肉眼观察到苹果上的农药残留。最终我们吃进嘴里的，是一个被精心设计以唤起饥饿感的产品。它用甜味和颜色刺激消费者，诱发我们的饥饿感，然而能够增强抵抗力的多酚类化合物其实更少了。

食品包装的正面，麦田摇曳，牛在草地上吃草，三文鱼刺身呈现出粉红色,然而,在包装背面,反式脂肪、增味剂和色素则却隐藏在肉眼无法看清的神秘缩写后面。上面提到的情况只是冰山一角。在我们亲手创造出的世界里,大部分食物成了被精心设计的产品,食品生产商打乱我们对饥饿的感知,以便从中牟利。

我们已经成功实现了人类祖先的梦想,拥有充足的食物,每年有13亿吨食物(占食物总产量的三分之一)被扔掉。充足的食物非但没有让我们快乐和健康,反而给我们带来了疾病,2020年,死于肥胖的人有史以来第一次超过了死于饥饿的人。而这不再只是富有的工业化国家才会面临的问题:从1975年到2016年,全世界的肥胖人数增加了两倍。2016年,全球有39%的成年人超重。2019年,大约一半的超重儿童生活在亚洲,而自2000年以来,非洲的超重儿童数也翻了一番。这就导致了一个荒谬的局面,我们的市中心挂着"为世界提供面包"的海报,海报上饥肠辘辘的婴儿正在干旱中忍饥挨饿,旁边却挂着健身房的海报,邀请大家以每月19.90欧元的价格在跑步机上消耗掉体内多余的脂肪。这个星球上仍有6.9亿人饱受粮食短缺和饥荒的折磨,每10秒钟就有一个儿童因营养不良而死亡。对这些人来说,饥饿是一种与生存息息相关的感受,饥饿的恐惧如影随形。第二次世界大战时,因为没有足够的食物,即使在中欧地区,人们也会将饥饿与对死亡的恐惧联系起来。饥荒在过去是常态,大多数人都曾饱受饥荒的折磨。但今天,情况恰恰相反,大多数人生活在食物生产过剩的国家,因此,饥饿感无法适应今天的社会了。

越来越多的人再也不能克制他们的饥饿感，他们吃得太多，以至于死于脂肪肝、糖尿病或高血压，反之有一些人则病态地压制自己的饥饿感。过去10年中，因厌食症而住院接受治疗的患者人数增加了30%。虽然与超重者相比，他们还是少数，但这两种现象都向我们表明，我们古老的饥饿感在一个缺乏自然限制的世界里如何举步维艰。即使对体重正常的人来说，饥饿和食物之间的关系依旧是个永恒的难题。尽管他们的体重正常，但几乎一半的女孩和五分之一的男孩在15岁时还是觉得自己太胖，超过一半的女孩在青春期已经尝试过节食，四分之一的女孩曾多次尝试节食。

二

今天，与食物打交道也是一个挑战。每天我们都会面临200多个与食物和食物摄入相关的选择。咖啡加糖还是加代糖？现在要不要喝一杯酸奶？今天食堂里有什么菜？要不要和女同事一起去小吃摊？

我们大多数人都非常清楚，健康的饮食是多么重要。根据2019年的一项调查，90%以上的德国人认为健康饮食很重要。但实际上，饥饿感使我们难以坚持健康饮食。我们打开一包巧克力，自嘲地看着包装上写着"可重新密封"。坐在沙发上时不断将手伸向薯片袋，直到把它们全部吃光，或者我们设法把薯片放到足够远的咖啡桌上，好让我们的懒惰打败我们的贪婪。在这个过剩的世界里，饥饿感不再是一种对物资匮乏的警告，而是一种诱惑。

因此，我们时常敌视饥饿感，这也并不奇怪。主要是出于对外貌的考虑——我们一心想要抑制饥饿感，往往是因为我们希望有更透亮的皮肤或更强壮的肌肉。大多数人因为他们的体重而对自己的饥饿感到愤怒，他们以瘦为美，但饥饿感使他们很难达到这一理想状态。所以他们试图使用强硬手段，严格地控制饮食。现在，减肥的方法也越来越多，例如：原始人饮食法、菠萝饮食法、卷心菜汤饮食法、低碳水饮食法、阿特金斯减肥法、蛋白质饮食法、间歇性断食法、慧俪轻体减肥法、排毒法等节食食谱的名称五花八门。但许多人最终会出现溜溜球效应，减肥成功后很快就会反弹，又像节食前一样吃得不健康，因为与自身对脂肪、糖和盐的渴求进行长期抗争是很令人苦恼的。

当我们试图改变饮食结构时，我们经常想在短时间内看到成效，但这样做就忽略了饥饿对我们心理的影响。这是否意味着我们对此就无能为力，只能向饥饿感和种种诱因投降了？恰恰相反，与所有其他感觉一样，我们也可以学习新的方法来应对饥饿感。当我们意识到，饥饿感与肠道和大脑之间的相互作用密切相关时，一切就迎刃而解了。接下来，我们通过"黄汤"的故事来看看这究竟是怎么一回事。

虽然目前还不清楚具体是如何做到的，但葛洪大夫大约在1700年前就想到了为腹泻患者进行粪便"移植"。病人喝了一勺健康者的粪便——也就是"黄汤"之后，他们的腹泻症状几乎都会消失。今天，这种古老的神奇疗法正在经历一个新的鼎盛时期。在医院，当抗生素对抗肠道病菌不再有效时，粪便移植又重出江湖。鉴于这种方法十分奏效，商业性的粪便银行应运而生，现在正以高达13000美元的年薪征集合格的粪便捐赠者。

人类不仅仅只是由血肉组成，这一点在医学上得到了应用。

我们的体表和体内生活着380万亿个病毒，微生物更多。这意味着，每一个人类细胞上都有一个外来生物体，由病毒、真菌和细菌组成的五彩世界也是组成人的一部分，它们中的大多数以微生物群的形式隐藏在肠道中。微生物群的构成因人而异，人们每次排便时就会排出一部分。健康人捐赠出的粪便可以帮助病人摆脱某些疾病，病人的微生物群通过接受健康人的粪便移植可以重新找回平衡。然而，一个小型但稳定发展的研究小组猜测"黄汤"还具有其他作用。加拿大微生物学家艾玛·艾伦·维科是这个小组的主要成员。2020年时，她向我讲述了他们正在进行的研究，当我第一次听到这些时，感觉简直像是天方夜谭。

维科教授位于加拿大圭尔夫大学的实验室里矗立着一个银色的盒子，从盒子中伸出无数的软管，连接着试管和烧瓶。这个装置名叫机械内脏，它的使命是制作出完美的粪便。人们将粪便投入这一装置后，它便会分离和繁殖特定的微生物，然后将制作出的完美粪便压制成胶囊。这与"黄汤"的原理大体相同，不同的是，由这台机器提炼的粪便并非用于治疗腹泻，而是为了医治心理疾病。维科教授和她的团队正在为了让他们的粪便移植能够获批用于治疗抑郁症而不懈努力。

她坦言道:"我知道这听起来很疯狂。"但她坚信,解决某些心理问题可以从治愈肠道疾病入手。

患有抑郁症的人除了经常情绪低落和能动不足,另一个典型的症状就是混乱的饥饿感。有些人不吃饭,对食物毫无兴趣,一口也吃不下;而有些人则渴望吃甜食,并且存在暴饮暴食的现象。那为什么粪便移植可以帮助医生治愈这些抑郁症患者呢?起初,这个想法让人觉得似乎很荒谬,但来自爱尔兰和中国的两个研究团队在2016年分别都在动物实验中成功地"传播"了抑郁症。实验在小鼠和大鼠身上进行,它们在完全无菌的实验室中长大,身上或体内都没有真菌、病毒或细菌,也就意味着,它们的肠道缺乏微生物。实验人员给它们喂了一小块人类的粪便。粪便来自两组不同的人——精神健康的和患有抑郁症的。一组老鼠吃下了精神健康的人的粪便,另一组吃下了抑郁症患者的粪便。

几天后,微生物的力量开始逐渐显现,吃了"健康"粪便的老鼠行为毫无异常,然而吃下抑郁组粪便的小鼠突然表现出典型的抑郁行为,它们变得焦虑,在面临挑战时更快放弃,并且表现得毫无动力。情形豁然开朗了,我们肠道中的微生物会影响我们的大脑。我们吃下的食物滋养的并不仅仅是我们自己,还有我们肚子里的微生物。

我们体内的微生物与我们一起进食和排泄,这些排泄物质以迂回的方式到达我们的大脑。它们影响着血清素、多巴胺、γ-氨基丁酸、乙酰胆碱和许多其他神经递质的产生,影响着我们的情绪、睡眠和精神。因此,我们有理由认为,它们也会影响我们的饥饿感，以便在我们点菜时也享有发言权——毕竟饥饿感在很大程度上决定了我们吃什么。事实上，在动物实验上已经证明了这一点，就像一个孩子想吃冰激凌时闹个不停一样，我们肠道中的微生物也会发出自己的声音。那它们是如何将自己的声音传播出去的呢？比较直接的方法是通过迷走神经，迷走神经是一条贯穿身体的数据高速公路，连接大脑与消化道。肠道中有神经细胞，微生物便利用这些神经细胞通过迷走神经直接向大脑发送信号："我们饿了。"此外，一些细菌能产生与瘦素非常类似的物质，我们已经从上文中了解到瘦素是如何抑制饥饿感，从而发出"我们已经饱了"的信号的了。这些微生物甚至还会或多或少地影响到我们的口味，如果在实验中改变小鼠特定的微生物组，它们舌头上就会产生更多对甜食有反应的受体。科学家虽然尚未搞清这背后的运作机制，但目前已有一些研究表明，这些微生物影响了它们宿主的口味以及对食物的选择。这可能意味着，我们最爱哪种食物实际上是由肠道里的微生物决定的。

可以肯定的是，肠道和大脑的联系比一直以来我们了解的要紧密得多。我们必须不断试验和试错，直到科学界——也许是在"黄汤"的帮助下——能够真正理解微生物组在我们人类中扮演什么样的角色。值得一提的是，即使是早期实验也已经给我们深刻的启示。

2017年进行的一项实验中，抑郁症患者被随机分为两组。一组受试者接受营养培训，课程向他们提供了一份健康的菜单，其中包括大量水果、蔬菜、少量肉类、橄榄油和坚果。

同时，实验人员还要求这组受试者戒掉加工食品，即工业加工食品，其中包括冷冻比萨饼、燕麦脆片、香蕉冰沙和成品酱汁。而对照组的受试者不会接受任何营养培训，他们只需在实验中谈论感兴趣的话题，比如音乐和新闻，还有些人会玩桌游。对照组通过这种方式同样获得了十分积极的体验，但这些与营养毫无关系。

仅仅12周的时间，两组之间就出现了明显的差异。完成营养训练的受试者抑郁症状有所减轻，他们的心情变好了，恐惧和担忧消退了。这让我们得以从新的维度认识饥饿感。此前，我们尚不清楚喂养微生物的最佳方式是什么，但这项早期研究首先为我们指明一个方向——多样性！数百种细菌与我们一起进食，因此，我们应尽可能地提供适合每种细菌的各种饲料。艾伦·维科教授还警告大家不要使用人工成分，例如在食品加工业中允许使用的食品染色剂，它使得即食咖喱呈现出令人垂涎的橙色，或者是轻食中的甜味剂，这些代糖被归类为稳定的化合物，也就是说，它不会被人体吸收，而是被原封不动地排泄出来。但研究人员告诉我，以上结论并不能简单套用在微生物身上。因为微生物是非常复杂的生物，它们的消化机制是经过数百万年的岁月精心打磨而成的。艾伦·维科教授警告称，这些"稳定"的物质会分解微生物，从而损害它们的功能。

如果肠道中的微生物没有被很好地喂养，它们就会罢工，甚至死亡。这会破坏肠道菌群平衡。这一现象尤其可能发生在压力很大的人生阶段，例如工作、日常生活和家庭让我们不堪重负的时候，因为此时我们往往会没有时间解决饥饿感。我们无暇坐下来安静地吃饭，往往草草应付了之，或者干脆直接忘记了吃饭。在办公室里，我们放纵自己多吃一点巧克力——我们称之为"神经食物"，或者用油腻的比萨来缓解我们的情绪，我们觉得这是自己"应得的"。很多迹象表明，当我们忽视饥饿感时，微生物群会遭受很大的创伤。维科教授沉吟道："当政府建议我们每天吃五份水果和蔬菜时，我们都翻白眼表示不以为然。但是想象一下，有没有可能这正是我们肠道中的微生物所需要的？"

三

"吃啥变啥"这一民间俗语早就道明了肠道和心理之间的密切关系，食物将身体和精神联系在一起。让我们难过的事情会影响我们的肠胃，让我们无法解释的预感我们称之为"来自肠胃的直觉"。我已经渐渐意识到，一直以来反反复复感觉到的饥饿感，对我的精神健康有很大影响。这说明处理好饥饿感是多么重要！因此，不要放任饥饿感，或者把它全权交给食品工业。

我们可以做什么？只是注意到饥饿感？吃我们喜欢吃的东西，直到我们感到饱腹为止？人们总能读到这些广为流传的建议，但我们已经看到，我们的饥饿感被许多诱因蒙蔽，这就是为什么我们应当再次仔细审视饥饿感，因为"感觉"是可以被理性看待和探究的。

如果你时刻谨记着诱因理论，当肚子咕咕叫时，当五颜六色的包装或诱人的气味在召唤时，就可以问自己：为什么我现在有这样的渴望？因为茶几上的薯片离我仅有咫尺之遥，所以它在嘲讽我吗？超市里烤箱散发的香味有没有诱惑到我？"我饿了"是指"我失恋了，想让自己好受一点"，还是"我很无聊，我需要分心"？

要想把自己的饥饿感照顾好，首先就要远离外部环境中的各种诱惑。手拿450克装意大利面的学生在煮面时拿出的面比手拿半袋900克装的学生要少29%。同样都是450g的意大利面，只是包装尺寸不同，便会让我们感到肚饱眼不饱。甚至在我们的文化中，可获得的食物种类也越来越多，分量亦在增加。对不同时期《最后的晚餐》画作进行分析可知，过去的1000年以来，画中耶稣的盘子盛放的食物变得越来越丰盛。

加一点钱就可以把餐食升级到更大分量的版本，我们很难对此不心动。因为我们已经习惯了大分量，否则就会萌生错过便宜货的不快感。面对这种情况，我们应该尽可能地自己将食物分成几份，也就是说，将食物转移到碗里或盘子上，让包装的尺寸失去魔力。

此外，饥饿感本身也具有"学习"能力。当我们因为吃了变质的食物而呕吐时，我们会立即从中吸取教训，当我们再次遇到这种食物时，即使我们很饿，也会对这种食物敬而远之。但消极的东西也可以变成积极的，我认识一些突然决定吃素的人，他们一开始会觉得戒掉吃肉非常困难，一段时间后他们表示，无法想象自己当初是怎么把肉吃下去的，也就是说，他们对肉不再有胃口了。由此，我们可以得出结论，新的饮食习惯可以重塑我们的饥饿感。

如果给实验室的大鼠提供仅含有少量维生素 B_1 的食物，它们就会学会戒掉含有维生素 B_1 的食物，他们似乎察觉到自己的身体缺少了什么。如果让营养不良的老鼠们随后在 1 份含有和 1 份不含维生素 B_1 的食物之间做出选择，它们会更偏向含维生素 B_1 的食物。在进一步的实验中，可选择的食物数量从 2 份增加到 10 份，结果只有很少的老鼠找到了健康的食物来弥补他们缺乏的维生素。供过于求的结果就是老鼠无法做出正确的选择。

我们的祖先可以在当时的环境中运用所有感官挑选出健康的食物。在做出决定之前，首先要用眼观察、用手触摸和用鼻子闻。但这在今天要困难得多，因为我们既不能在超市里撕开一包冷冻鸡块来闻闻它们的味道，也不能从粉红女士苹果表面看出它可能没有其他苹果那么健康。但我们能做的是把包装翻过来，阅读那些印在背后的小字。我们可以关注食品中的营养成分，以便做出更明智的选择。虽然没有人能够认清所有的成分，但我们大多数人都知道过多的糖、盐和脂肪是不健康的，这些信息很容易从营养成分表上获得。在购买一双新运动鞋或预订假期旅行时，我们会花费数小时在互联网上搜索信息，找出最好的那个。我们为什么不把这个时间花在我们每天吃的东西上呢？我们不必检查所有食物，毕竟我们通常总会购买同样的食品——那么你知道你涂面包时最喜欢的酱叫什么吗？或者喝的麦片里有什么吗？

我们应该给我们的饥饿感一些时间。人们从对酒瘾的现代疗法中认识到，完全戒酒是很难坚持的一件事，这就是为什么疗法的重点放在了教酒瘾者如何应对酒瘾复发上，例如通过"作弊日"这种有意的放纵来转移自己的饥渴感。我们常常在太短的时间内对自己期望太多，正如我们的下丘脑需要很久去适应过多的瘦素一样，它也不可能一夜之间再次对它敏感。

如果我们经常吃的比我们计划的多，我们可以有意识地为我们的饥饿设定停止规则。2007年的一项研究，对来自芝加哥的145人和来自巴黎的145个人进行了调查，主题是他们应对饥饿感的方式。研究人员发现，两组人在对抗饥饿时使用了完全不同的停止进食的规则。平均而言，法国人表示，当他们觉得已经吃饱了，或仍想为甜点留出一些"空间"时，他们就会停止进食。也就是说，他们会更多地听从内心的声音，然后再做决定。而美国人的饥饿感则更依赖于外部情况，他们的停止进食规则是"当我的饮料空了我就停止进食"或者"当电视上的连续剧结束时我就停止进食"。这项研究表明，超重的人更关注外部的情况。

如果我们有意识地为我们自己设定向内的饥饿停止规则，我们就能吃得更健康。比如，我们可以耐心地准备食物，闻一闻食材，触摸食材，再对食材——称重，花时间真正品尝我们想吃的东西，就能将重心从外部向内在转移。

饥饿是复杂的。在谷歌上输入"营养指南"一词，你会获得超过20万条搜索结果。在这些鱼龙混杂的建议里，人们很容易就失去全局观。因此,我想最后告诉您一项研究结果,该结果已成为我寻找健康饥饿感时简单高效的指南。

在 19 世纪中叶,维多利亚女王时代,英格兰、苏格兰群岛和爱尔兰西部偏远地区的贫困农村人口的预期寿命非常长。研究人员从当时的营养问卷中得出结论,这可能与他们特定的饮食结构有关。这些偏远地区确实是盛产食物的富饶之地,这些食物在当时并不是特别时髦,如今我们知道了它们的营养价值。与今天的英国人相比,那时的人们平均每天吃不止 3 份,而是 8 到 10 份的水果和蔬菜。洋葱和水芹非常便宜,买的人很多;菊芋在当地很受欢迎,因为它容易种植;胡萝卜、甜菜、卷心菜、西兰花、豆类、苹果、李子和樱桃是区域性作物,并且按照今天的话来说,种植环境非常地"有机"。季节决定了当季该买什么食物,而不是甜度或外观。干果和坚果取代了甜食。肉是一种昂贵的商品,当人们屠宰家畜时,不仅会留下它们的肉,包括脑、肝和肾在内的内脏也会被一并留下以供食用。盐并不是在做饭时直接从盐罐里倒入锅里的,而是放在盘子的边缘,以便人们用指尖抓取进行精确调味。人们吃的鱼是自己在海里钓到的。

回过头看,我们当然也无法确定当时的人们是否是因为饮食而长寿健康,但目前已有的研究支持这一假设。大量新鲜蔬菜和水果、坚果、鱼、全麦产品、适量肉类和少量糖对健康有益的同时,对我们的大脑也有益。这就是为什么我现在喜欢在购物时,在餐厅或车站大厅的小卖部买东西时,问自己这个维多利亚式的问题,在维多利亚女王时代,这个国家的人能吃到这个吗？这个问题对我选择食物来说很有帮助，尤其是当我想到肠道中数百万微生物正在挨饿时。当然，还是要允许自己偶尔放纵一下，不然对自己的要求太高了！

第六章

悲心的两面性

自我同情的驱动力

请您遵照天意,忘怀您的罪过,宽恕自己吧。

——莎士比亚

上小学时,我最喜欢的科目是德语课。在德语课上,我可以天马行空地写作文,但不幸的是,我的创作通常是以牺牲正确拼写和标点符号为代价的。因为我的作文里面没有句号和逗号,我的老师无法断句,自然根本读不懂我写的文字,因此他总是给我打很低的分数。我的父母并没有因此训斥我,而是让我感受到他们理解我的痛苦,他们知道这对我的打击有多大。当我带着满是红色批改痕迹的作业回家时,他们会鼓励我。对我的父母来说,这是理所当然的事情。他们没有轻视这个问题,而是表现出了同情心,态度温和地鼓励我。

就像我的父母当年对我一样,我现在也会这样对待我在意的人。如果我的好朋友考试不及格,我会试图让他振作起来,告诉他,只有少数人通过了这场考试,每个人都会有考试不及格的时候,参加补考的话肯定可以顺利通过。如果我的女性朋友失恋了，我会列举出她的很多优点，告诉她被对方抛弃不是她的问题。如果她心情缓和一点，我就会给她讲述卡皮拉诺峡谷的吊桥理论。

一

对我们大多数人来说，看到别人被绊倒在地，向他伸出援手是非常正常的行为。我们鼓励他人、强调他人的优势，并向他们传递乐观态度。对我来说，对他人展现出同情是理所当然的，只有一个人是例外。如果他面临失败，我就会严厉地批评和责备他；我只看到他身上的弱点和失误，看不到他的长处和过去取得的成功；我从没像贬低他一样贬低过其他人。这个人就是我自己。有时，我看到我的父母和周遭其他人有类似的行为，我们可以支持所有人，但当自身陷入困境时，我们就会变得严格，揪着自己不放，内心不断指责自己。

当项目失败或考试挂科时，我们的脑海中会出现2个小人，互相为敌。我们开始指责自己并没有尽全力学习，没有足够努力，没有足够脚踏实地，我们只会将自己与更优秀的人相比，只看到成功的人，这让我们感觉更糟了。突然间，这好像不仅仅只是关于一次失败，而是我们整个人都有问题，"你做不了任何事情：你是个失败者！你注定一事无成！"批评声很快就失去了原本该有的边界，就像被打翻的杯子，里面的水向四面八方流去。我们在A中失败，意识到在B中的表现也很差，在C中就没有表现好的时候，在D中根本连尝试都不需要了。仅仅一个项目的失败，却让我们感觉自己太笨了，工作也拿不出手，拥有的爱情也并不是真爱。

在以往的经历中，我们懂得在朋友遭遇挫折或碰到困难时，帮助他们重新振作起来，我们知道支持是多么重要。自己在意的人面临失败时，我们永远不会贬低他们，也不会对身处困难的朋友说"你是个失败者！"我们清楚地知道贬低起不到任何作用，反而是一种伤害。那么，为什么我们却对自己毫不留情？为什么我们面对自己的失败和对好朋友的失败时，态度会如此不同？为什么我们不以慈悲心和同情心对待自己呢？自我——这个我们最熟悉的人，他的幸福与否对我们至关重要，但当他面临失败时，我们反而手足无措了。

在寻求上述矛盾的解决办法时，有这样一个词能够帮到我们，它很古老，对我们来说很陌生，那就是来自藏语的"悲心[①]"，与我们知道的同情不同，悲心有两层含义。在佛教文化中，这个词表达的是对他人和自己的同情。翻译过来，悲心既可以指同情他人，也可以指自我同情。显然，这个想法在我们今天的文化中显得很奇怪。我们好像从没见过"自我同情"这个词，在杜登词典里也不存在这个词，它听起来就像是凭空捏造出的概念。同时，我们好像也很难将"自我同情"这个词说出口。我们为什么要同情自己呢？当我们经历失败时，我们会感到悲伤或愤怒，我们为什么需要在那一刻体察自己的情绪，同情自己呢？感受自己的感受，这听起来很奇怪。我们换个概念来想想，比如恐惧。对恐惧的恐惧，也就是说对自己的恐惧感到害怕，往往会导致惊恐发作。我

[①] 悲心：佛教名词，指因为知道众生受苦受难，内心发出强烈的想要救度众生远离痛苦的心。

们熟悉这种模式，就好像抑郁症患者会因为自身感觉不好而自责一样。或者举一些积极的例子，当我们早上起床或者因浪漫的爱情深受感动时，我们会对这种状态很满意。我们一直在评估自己的感觉，从而触发另一种感觉，尽管这听起来很奇怪，但的确能够唤起对自我的同情。解决问题的关键，就蕴藏在我们对悲心最熟知的一面之中，即对他人的同情。

即使是一岁的孩子也会试图安慰悲伤的人。哪怕小孩子还不会真正走路或说话的时候，就已经有了安慰对方的冲动。同情显然是智人的基本能力之一，但它绝不是居高临下地说："哦，你这个可怜的人！"这是一种高高在上的怜悯，自认为自己比对方更好。与之相对，同情是在平视的前提下产生的。在拉丁语中，同情（compati）一词是由"共同（com）"和"受苦（pati）"两个部分组成的。这就是同情与可怜、怜悯之间的不同，同情要比它们更进一步，同情让人油然而生一种帮助别人的冲动！

如果我们对一个人产生同情，就能真切感到他的忧愁，并想要减轻他的痛苦，因为我们感同身受。这就是为什么当我们看到所爱之人受苦时，我们内心会生出想要帮助他的热情以及决心。而自我同情就是让我们像对待他人那样对待自己。

心理学教授克里斯汀·内夫被誉为这个领域的前沿专家。她研发的调查问卷让自我同情第一次上升到了科学范畴，成为科学研究的对象。根据她对自我同情的定义，自我同情包含三个要素。每个要素内有两对互为矛盾的概念。

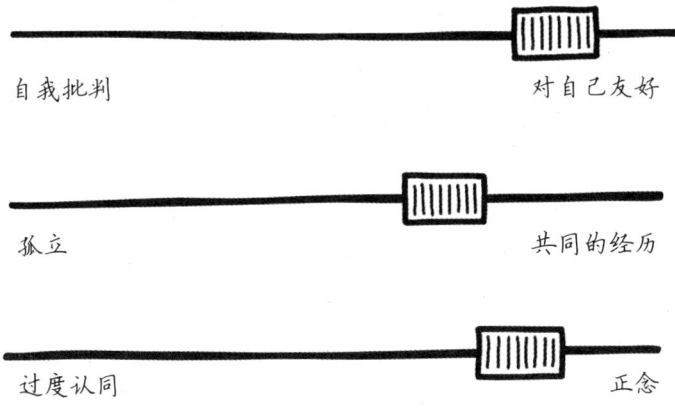

图 7　自我同情

第一个要素,对自己友好而不是自我批评。这里考察的是面对自己犯错时,能否友善地对待自己,是否能够耐心地理解自己。例如,调查问卷中有一项:"当我情绪不好时,我试图以爱自己的方式对待自己。"赞同这种说法的人对自己是友好和热心的。而那些倾向于选择"当我经历痛苦时,我可能会对自己有点冷酷无情"的人则展现出自我批评的态度,也就是说,这些人自我同情能力较差。

第二个要素,痛苦是人类共同的经历,而不是个体独有的悲剧。调查问卷中有一道二选一的选择题,选项为"当坏事发生在自己身上时,我认为这是每个人都会经历的困难,也是生活中的一部分"以及"坏事发生时,我倾向于其他人或许都会比我更幸运"。对于能够自我同情的人来说,失败再熟悉不过了,因为它是我们生活的一部分。但对我个人而言,我深知失败时孤独的滋味。

最后一个要素，要求正念而不是过度认同。正念我们已经碰到过好多次了，正念是指愿意接受负面情绪，而不对他们进行评价。与之相反的过度认同就是过度夸大问题，将自己对号入座，从而失去了对世界的客观认知。如果最大程度上同意选项"当我在对我来说很重要的事情上失败时，我试图冷静地看待问题"，则证明这位参与问卷调查的朋友拥有正念。如果同意选项"当我感到沮丧时，我往往只关注什么是错的"，则表明这位朋友常常沉浸在消极情绪中，无法自拔。

当我们认识到自己的痛苦时，就会产生自我同情，然后以善良、温暖和仁慈的态度对待自己，将失败看作一个大家都会有的经历，允许自己感受自己的感受，而不去做任何评价。一直以来，佛教徒认为自我同情是一个人类重要的优势。今天，我们则要了解悲心不为人知的另一面，这当中的挑战或许是如何去真正感知自身的痛苦，这似乎很荒谬，但到最后，我们往往才意识到自己到底承受了多大痛苦。我们所处的科技世界过于理性，在这个世界上，人最重要的就是要尽力克制自己。当失败发生时，我们会立马自动进入分析模式："怎么可能发生这种情况？为什么会发生在我身上？我必须做点什么才能摆脱它？"

二

当我们分析、思索并试图解决问题时，会自动屏蔽情感上的创伤。"当我们感到威胁时，我们的反应是战斗、逃跑或僵住。所以当威胁来自我们自身，例如产生羞愧或担忧等负面情绪时，我们也会同样做出战斗、逃跑或僵住的反应，只是这一次的战斗攻击的对象是我们自己。"哈佛大学医学院的心理治疗师和讲师克里斯托弗·杰默向我描述了这背后的一系列过程，"这时候战斗就变成了自我批判，逃跑就变成了自我隔离，僵住就变成了跳入思想的怪圈。"自我同情则是完全相反的。它意味着承认自己的痛苦，而不是压抑它。然而，你可能会问，如果真的直面自己的痛苦，难道就能摆脱痛苦了吗？自我同情难道不容易和自怜混为一谈吗？一项对慢性病患者进行的科学分析显示，自怜往往与不公平的感觉同时出现，我们会冒出"为什么是我而不是其他人？"的念头。一项对300名德国学生的研究表明，很多人将自怜与其他消极情绪关联起来，如绝望、自我封闭和被动。人们将自己看作是命运的受害者，这也难怪很多人将自怜归为问题出现后的消极反应。

其实，自怜情绪与自我同情之间的差异是巨大的。沉浸在自怜情绪中的人就像不断重复着同一句台词的戏剧角色："我感觉很糟糕！"自怨自怜的人渴望得到别人的关注，而别人最终会恼羞成怒地转身离开，因为消极的想法往往不受欢迎，这样一来，自怨自怜的人只能继续承受痛苦。与之相反，自我同情意味着保持冷静，不成为戏剧的一部分，而是以旁观者的角度，冷静地观察自身的感受。研究表明，能够自我同情的人不会躲在自怜之下。一般来说，自我同情能力高的人不太可能被消极的想法束缚。需要注意的是，同情意味着有所行动，谁产生同情心，谁就想提供帮助。愿意帮助别人，也就愿意帮助自己，这一点已经得到了科学的佐证。2005年克里斯汀·内夫对此进行的调查是最早的研究之一。

她在得克萨斯大学对 214 名学生进行了调查，了解他们在期中考试成绩公布后不久的感受。110 人称他们对自己非常不满意，认为自己非常失败。内夫调查后发现，所有那些虽然失败了，但在之前调查问卷中自我同情得分较高的同学都为自己建立了强大的心理保护。首先，他们较少压抑失败感，他们着手分析失败的原因，因此能更快化解自己的消极想法。内夫解释说："那些在失败面前依然可以做到自我同情的人不需要否认、压制或回避任何东西——他们承认、接受、处理自己的感受，而后继续前进。"其次，自我同情的人倾向于将他们的失败看成一次成长的机会，并从中学到一些东西。这一点再一次将自我同情和自怨自怜区分开来。失败并不会让人变得被动，反而会变成一种推动力。因此，与较多自我批评的学生相比，自我同情的学生对自己成绩不佳的课程仍保持着较高的兴趣。

自我同情不仅对年轻人帮助很大，对那些处在生命最后阶段的老年人来说也十分重要。"我的同事探望了她的祖父母，发现他们以非常不同的方式在慢慢变老。"杜克大学的社会心理学家马克·雷里告诉我，"我的祖父过得很苦闷。他满脑子想的是他不能再做的事情，或者他又找不到钥匙了，因此他经常贬低自己。而祖母则接受了变老的事实。她的身体时好时坏，在不太舒服的日子里，她会坐在沙发上，给自己泡一杯茶，看着鸟儿。最重要的是，她很善待自己。"你可以随时观察到：有些人在变老的同时，也变成了精神上的孤独者，他们把自己封闭起来，不满地盯着电视机看，而另一些人则保持着开放热情的态度，因此整个人充满活力。

马克·雷里和他的团队想知道，这两种截然不同的生活状态是否和自我同情有关。于是他们对部分67～90岁的老人进行了一系列的研究。如果受访者的身体状况良好，那么自我同情和幸福感之间就没有任何关联。真正值得研究的是那些遭受疼痛、有健康问题的人。在这些人中，自我同情得分高的人比得分低的人幸福感更高。那些自我同情的老人也更愿意接受拐杖等辅助器具的帮助，或者他们在没听明白对方意思的情况下也会请求对方重复一下刚才说的话。老年人的自我同情似乎与是否愿意接受帮助有关。目前同类研究大约有十几项，其研究结果都指向同一方向：老年人的自我同情可以缓和抑郁情绪，缓解焦虑感，增加生活乐趣，提高对生活的满意度。

无论我们处于人生的哪个阶段，自我同情似乎都指向更健康的道路。例如，对刚离婚不久的人进行访谈并分析得出，那些自我同情能力更强的人与那些特别容易自我批判或自我怜悯的人相比能更快地从分手的低落中恢复过来。对受创伤的儿童和年轻人的研究表明，那些自我同情能力更强的人更不容易用酒精自我麻痹，或产生自杀的念头，也更愿意拥抱他们的负面情绪。

目前，科学也证实了对自己宽容这一古老的佛教思想有助于成功应对各类挑战，如压力、糖尿病、慢性疼痛、严重疾病的诊断或暴饮暴食。在这里，宽容自己始终具有积极的作用。但是，当我们对自己过分宽容时，我们又该如何获得动力呢？难道不需要一定程度上的自我批评和自我苛责，以便向前迈进吗？

马克·雷里是一位广受好评的著名心理学家,多年来一直辗转世界多所顶级大学授课,他的研究成果对该领域贡献巨大。"我一直认为我之所以能够取得成功,是因为严格要求自己。大多数人都是伴随着这样的想法长大的,对自己要求严点!"他告诉我,现在他不这么想了。"我意识到,严厉的自我批评是无效的。它并没有帮助我更好地工作,而是让我感觉很糟糕。"他说的话一直回荡在我脑海中。雷里已经取得了相当的成就,当然可以这样说。他的成功将他从自我苛责的压力中解放出来。但是,当一个人仍处于职业生涯的初期或中期,还没有达到自己想要的高度时该怎么办呢?毕竟,我们想有所作为,需要的是激励措施,而不是年老时对自己的宽容。

当我第一次思考这个问题时,我最担心的是自我同情可能会削弱我的动力。如果你想有所成就,你就必须激励自己。赛马在骑手鞭策它时创造了纪录,想要功成名就,就必须有努力工作的觉悟,并在必要时对自己无情。自我同情听起来像是过度放纵,不适合坚定的实干家。

人们无法进行自我同情的最常见的原因,是担心自己变得太过"佛系"。克里斯汀·内夫说,许多人害怕如果缺乏不断的自我批评,自己会开始忽视自己的工作,吃光一整桶冰激凌,或者整天坐在电视前。既然这让这么多人都担心,那我们就应该更仔细地观察一下,自我批评和严格对待自己真的像很多人所想的那样,是强劲的动力源吗?

关于自我批评的研究表明,对自己苛刻的人想要取得很多成就。他们追求所谓的"成功",而这个成功是通过比较获得的("我要比其他人更好"),同时他们渴望达到卓越,但自我批评者往往要为此付出高昂的代价。首先,他们会把别人看作是单人赛中需要超越的竞争对手。此外,不断地自我批评会蒙蔽自己的双眼,也就是说,自我批评者往往会系统地低估了自己的成就和能力。对自己没有准确认知的人无法真正知道为了发展自己应该做出哪些努力。自我批评者永远不会感到完全满意,永远都觉得自己不够好。这样看来,科学研究发现自我批评和焦虑、抑郁有着千丝万缕的联系也就不足为奇了。

三

而自我同情却完全不同。在 2012 年加州大学伯克利分校进行的一系列实验中,研究人员朱莉安娜·布莱内斯和塞雷娜·陈研究了自我同情对学生能动性的影响。测试对象必须完成一项困难的语言测试,无论他们的实际表现如何,他们都会收到他们自身表现不佳的反馈。一组人被要求自我同情和宽恕,对照组被要求只是简单回忆自己的长处。在准备第二次测试时,自我同情和宽恕的组员与对照组的相比,多投入了 33% 的学习时间。

在下一个实验中,新的受试者被要求回忆他们过去感到内疚和糟糕的时刻。他们被随机分为三组:第一组被要求对自己的过失写下几个简短的、富有同情心的、善意的句子;第二组被要求写一篇强调他们过去成就的短文;第三组是实验的纯对照组,被要求写一些自身的爱好。结果发现,与其他两组相比，第一组的人显然更具能动性，愿意为自己的错误道歉，并尽一切努力不再重犯之前的错误。在后悔之余进行自我同情，就是为自己卸下负担，因为我们不必害怕自我惩罚和过于严厉的批评。那些用无情的自我批评贯穿生活的人，他们以为这能帮助他们出人头地，实际上是在削弱自己的动力。

　　自我同情之所以能给我们带来动力，是因为我们可以更客观地评估自己，不再害怕自己的失败，也更愿意建设性地发展自己。研究结果表明，这可能是为什么自我同情的人能够更好地戒烟、减肥和在必要时更愿意寻求医疗帮助的原因。在澳大利亚的一项实验中，让受试女性浏览时尚杂志上训练有素、苗条的年轻模特的照片。图片下方写着"这个女人比我瘦"或"我希望我的身材也是这样"的句子。在所有受试者看完照片后，其中一些人进行自我同情的练习，写几句对自身体重、外表和体形积极评价的句子，对这些句子唯一的要求就是要表达对自身的理解和同情。正如预期的那样，与对照组相比，这些女性看待自己的身体不再那么消极了。与此同时，她们也更具能动力去改变自己。因此，自我同情一方面可以帮助我们减缓压力，另一方面又能起到激励作用。相比之下，自我批评却将自己的缺点袒露在自身面前，终日生活在面临惩罚的恐惧之中。自我同情是更为健康的选择，能使我们受到打击后可以再次扬起风帆前进，因为我们希望可以感觉更好。对失败的恐惧之所以减少了，是因为我们不仅理解了错误是不可避免的，我们更意识到，错误同样是成长的机会。

长期以来，西方心理学一直忽视来自遥远东方的悲心。然而，来自无数实验和研究的相关数据一遍遍证明同一件事：自我同情是有好处的。尽管如此，许多人仍然发现很难善待自己，特别是在糟糕的情况下。我们太过习惯头脑中那些自我批评的声音，以至于我们几乎意识不到它的存在。因此，我们应该尝试的第一件事是仔细聆听。仔细聆听大脑中是否一直有重复的句子或思维模式，仔细聆听这个声音是否让我们回想起了过去对我们特别严苛的人。自我同情也就是要控制自动批评。"重要的不是让你对自己过分仁慈，"雷里教授说，"而是让我们对自己不要那么苛刻。"克里斯汀·内夫进一步建议应该给批评的声音赋予积极的意义，不要欺骗自己。批评的声音不是想伤害我们，当它出现时，是希望我们可以变得更好——例如过多的冰激凌并不健康，失败者是不会得到晋升机会的。

但人们也没必要急着给自己扣上"愚蠢""肥胖"或"软弱"的帽子。我们习惯于对他人表示同情，也应该这样引导自己。我们是如何对待向我们倾诉忧愁的朋友的呢？我们会问什么问题？会向她指出什么？最重要的是，我们用什么语气跟她说话？当我注意到自我批评的旋涡又开始在我脑中旋转时，我就会问自己这些问题。我试着把自己看成我的一个朋友，这种视角的改变有助于我善待自己。克里斯汀·内夫也推荐了一些练习，以便更好地进行自我同情。例如，记录下自我评判或过分严格的时刻，用友好的方式重新遣词造句。或在感到压力时把手放在心脏上，让自己平静下来——这是一种经典的正念练习，旨在达到身心和谐。

我们或许并不需要刻意培养自我同情心。我们能够开始更仔细地观察我们如何对待自己，这就足够了。严厉的，中立的，甚至可能是善良的？马克·雷里表示，在严厉和仁慈之间有一个"暖心点"，我们都可以找到自己的"暖心点"。他告诉我："无论幸福的生活是什么样的，过少的自我同情肯定会阻碍我们收获幸福。我根本不需要获得多高的自我同情分数，我只是不希望自己自我同情值太低。这就像健康，我不需要完全健康，但也不希望自己生病。"因此，我们不必经常告诫自己要有自我同情心。当一切安好时，我们不需要自我同情。通过科学的见解，特别是马克·雷里的提示，随着时间的推移，我的心态经历了一系列变化，一言以蔽之，当我在低谷时，我试着对自己好点，至少比之前好一点，而不是雪上加霜。这不仅可以让我感觉更好，同时也给我了继续前进的勇气。

"我老了，"66岁的雷里教授在与我告别时平静地对我说，"我对自己并没有更仁慈，但是也不像以前那么刻薄了。这才是关键。"对此我深信不疑，非常感谢雷里教授用如此轻松的方式让我看到了悲心不为人知的一面。

第七章

不合身的紧身衣

哀 伤 将 走 向 何 方

> 哀伤不是完全不健康的,至少,
> 它不会让我们变得迟钝。
>
> ——乔治·桑

张智星难以置信地望着公园里的小山丘和树木,她向着寂静的四周怯怯地发问:"你在哪里?"忽然,一个明眸皓齿的小女孩从灌木丛后面跑了出来,喊道:"妈妈,你到哪里去了?你有没有想过我?"张智星的眼泪夺眶而出,虽然几年未见女儿,但她一眼就认出了这个穿着她最爱的紫色连衣裙的女孩。"妈妈也想你,我的娜燕。"张智星俯跪下去,伸出双臂,想要拥抱一下女儿,但始终碰不到女儿,张智星蹲在演播厅的绿幕前放声大哭。她头上戴着虚拟现实眼镜,手上戴着布满传感器的手套,而现实中,小娜燕在3年前已死于白血病。

在纪录片《遇见你》中,韩国电视广播公司MBC的制作团队根据母亲张智星对女儿的描述,制作了娜燕的三维虚拟影像,结果非常逼真。孩子的头发在风中飘扬,裙子的褶皱与她的动作完美契合，透过触感手套，张智星的手可以在触碰虚拟影像时获得真实的触感。她们一起在公园里散步，像往常一样玩耍，庆祝娜燕的生日。最后，虚拟娜燕微笑着递给母亲一朵白花。"妈妈，你看，我一点也不疼了哦。"她躺在草坪上平静地说道，最后安详地睡着了。张智星再次泪流满面。

一

张智星的故事在2020年初传遍了世界，并在网上收到了数以千计的评论。许多人无条件地支持张智星，但她悼念女儿的方式也不断遭到质疑。一些人警告说，这种形式的重逢只会伤害母亲，甚至会导致母亲抑郁。一些人建议她应该放手，以便逐渐消解失去女儿的痛苦。一位母亲重新见到她死去的孩子——这样的故事让我们泪眼婆娑，但同时，也有许多人觉得将对女儿的哀悼寄托在一个程序化的计算机世界里是不敬的，还有人觉得在这个过程中有很多私密的东西，不应该在电视上与公众分享。

从张智星的故事以及人们对它的反应中就可以看出，在一个人失去至亲时，公众的反应似乎有着不成文的规定。对于这一点，我在几年前有过亲身的体会。我最亲密的朋友之一——乔纳森的妹妹和父亲在很短的时间里相继去世了，不久后，我们便又开始了开派对、去露营和夜间游泳的生活。我既没有见过乔纳森哭，也没有看到他一蹶不振。乔纳森曾深深爱着他的父亲和妹妹，但在他们相继离开后，他似乎并不哀伤，这让我感到十分疑惑。在我看来，失去至亲时的表现不应该是这样的。当我们失去至亲时，我们会以泪洗面，把自己封闭起来，躺在床上红着眼睛，对度假和狂欢完全提不起兴趣。但我并没有因此寻根问底地去追问他，而是感到庆幸，他的生活可以继续前进。

面对哀伤，我们往往是局促不安的。对于情感世界的这一部分，我们往往想要避而远之。仅仅是想象有一天警察打电话告诉我们父亲出车祸了，朋友在滑雪时出了事故，或者我们的孩子发生了不好的事，就已经让人无法忍受了。但与此同时，我们却对一个人失去至亲时应有的行为有着清晰的想象。这种想象从何而来？为什么我们自己都没经历过，却还是对这种想象坚信不疑？有所谓的正确或者错误的哀悼方式吗？

在人类早期，死亡是日常生活的一部分。即使在 20 世纪初的欧洲，流行病和战争仍然威胁着人类生命。生活条件很艰苦，医疗条件很差，人们因阑尾发炎而死亡，从摇摇欲坠的脚手架上摔死，或在坐月子期间死亡。18 世纪的欧洲，每对父母平均要失去 3 到 4 个孩子，人类早早地就开始面对死亡的诸多面孔。失去至亲的痛苦可能和今天一样强烈，但意义却全然不同。当时的人不会将死亡看作只在自己身上发生的单一悲剧。此外，当时的人们大多有坚定的宗教信仰，并相信人有来世——而来世通常会活得更好。

除此之外，宗教仪式也给了他们精神支持。2020 年初，考古人员在伊拉克北部的沙尼达尔洞穴深处进行挖掘工作时，发现了远古时期的哀悼仪式的证据。地下埋着一具 7 万年前的尼安德特人的骸骨。从那时起，他被命名为沙尼达尔Z（Shanidar Z）。沙尼达尔Z以向左侧卧的姿势被安葬在地下，左手臂向上屈枕在头下附近，右前臂放在胸前，头枕着一块三角形的石头。骸骨呈现这个姿势并非巧合，而是殡葬礼仪的要求，这种哀悼仪式在无数的文化中都可以找到。

在古埃及，人们会对死者做防腐处理，即将其制作成木乃伊。玛雅人把死者染成红色，并用布把他们包裹起来。在佛教习俗中，一个人如果衣着白色，表示正在服丧。按犹太教习俗，参加过葬礼的人要在家中足不出户7天。而按基督教习俗，骨灰盒和棺材则是逝者最后的栖息之地，家人和朋友都会参加简短的逝者告别会，在最后的"葬礼宴席"上讲述逝者生前的故事。这也表明，大家的生活将继续向前。在天主教社区中，人们会一起参加为期6周的弥撒来纪念死者的灵魂，而信奉新教的人会在11月的"永恒星期日"去给逝者扫墓。在以前，近亲逝世后，按照传统规定，人们必须一年内都穿着黑色的衣服，并且在规定中精确约定从何时开始可以在黑色的衣服上添一点白色或者灰色的元素。这样一来，外人也可以清楚地知道人们正在服丧。

世界各地的人们一直认为，我们需要通过仪式固定哀悼的流程。但自启蒙运动以来，宗教和习俗变得越来越不重要了。科学进步使得人们不再从宿命论的角度解读死亡，有越来越多的新方法能够延缓死亡，心脏起搏器、化疗以及干细胞移植只是众多延缓死亡方法的一部分。

全世界的平均寿命在过去200年里增加了一倍多，工业国家的婴儿死亡率已经远远低于1%，"硅谷"的科技巨头们斥资数十亿开发新技术来对抗衰老。谷歌的两位老板谢尔盖·布林和拉里·佩奇与苹果董事会主席、分子生物学家亚瑟·列文森共同创立了凯利高公司，旨在克服死亡这一难题。越来越少的人相信宗教，相信死后会有来世，那么多久之后，我们会开始信仰科技公司，开始相信可以从他们那里买到一个不死之身？

在很多人心中，死亡是我们必须面对的敌人，在人生最后一场命运之战中，我们要和死亡殊死搏斗。我们时常在犯罪片中看到死亡，好像死亡已经被我们排除在日常生活之外了。在过去，亲自清洗已故父亲的身体是惯例，但在今天，很少有人愿意这样做。老人在养老院或医院里去世，而不是在他们熟悉的环境中。他们往往是孤独的，因为他们的亲人住在数百公里之外。黑色服装早已成为一种时尚，不再是服丧的标志，甚至是作为哀悼之地的墓地也渐渐变得不再重要，2017年，72%的德国人表示，不需要到一个特定的地方去悼念亡者。

社会越来越难接受死亡，也看不到哀悼的价值，所以我们也不再花时间去哀伤。人们想当然地认为丧亲者在几天后将恢复"正常运转"，去工作，去照顾孩子和家庭。可以给哀伤适当的耐心，但更需要人们继续前进，坚定地着眼于未来。如果员工的至亲去世，雇主会给员工3到4天的特殊假期，如果员工需要更多的时间，那就必须请病假。现代生活并没有给哀悼——我们生活的一部分——留出什么空间。而失去至亲时呈现出的自然反应也被当成是"疾病"，丧亲者必须尽快治好这种"疾病"。

公众对丧亲者有一种社会期望。在最开始时，对外展示自己的哀伤是正常和正确的事情，至亲之人去世不久后就在社交活动中展露笑容的人往往不被理解，就像丧偶后过早地再婚一样。到现在，我们以开明、开放和现代的姿态出现，不受宗教仪式甚至教会规则制约，但我们对哀伤表现形式的认知仍然十分狭隘。

哀伤是一种很复杂的感觉，它是人们经历失去时的情绪状态。我们可以哀悼失去的家园，哀悼一段恋情的结束，或者哀悼生活中错失的一个机会，哀悼意味着告别和分离。如果我们还记得人类"爱"人和"接纳"他人的能力，就可以清楚地知道失去的过程会有多痛苦，对亲人的爱并没有随着亲人的逝去而消失，这样的经历是难以言喻的。我们哀悼的不仅是至亲的逝去，更是再也没有他们的未来：我们再也不能和丈夫一起旅行了，再也听不到儿子的声音了，再也吃不到母亲做的苹果馅饼了。这样的念头让人难以忍受，它们是如此强烈，以至于我们的身体也感觉到了痛。哀伤让我们吃不下、睡不着、会头疼，它让人觉得自己病了，尽管这一切可能只是自然反应。

无论多么哀伤，就像迄今为止我们讨论的所有感觉一样，都牵动着身体并且在这个过程中需要大量的能量。与此同时，我们仍需强迫自己正常运作，在送走逝者的日程表上还有一系列的挑战在等待着我们：葬礼需要规划，准备文书上报有关部门，去银行处理逝者事宜还需要有法律效力的授权书……忙碌当然可以帮助我们暂时忘记哀伤，但同时也超出了我们的能力范围，会让我们疲惫不堪。如果失去至亲还连带着经济损失，例如遗产继承、承担债务，或者失去了部分的财务收入，那悲痛往往还伴随着愤怒、恐惧、内疚或者耻辱。为什么这些会发生在自己身上？我应该如何继续生活？如果我之前做点什么，是不是可以避免这场灾难呢？

二

随着宗教和仪式在处理哀悼方面变得越来越不重要，人们需要新的方式来应对这一切，科学很快就填补上了这个空缺，它超越了精神和习俗。这一切都始于1917年出现的、此前人们闻所未闻的一个词——解决哀伤。精神分析学的创始人西格蒙德·弗洛伊德当时发表了一篇关于"哀伤和忧郁"的文章。按照弗洛伊德的说法，人类在关系中会投入精力，一旦与逝者的关系因为逝者死亡而结束，相应地能量就缺失了，人们就不可能像以前那样继续生活了，因此，我们必须快速从悲伤中走出来。那我们需要做些什么呢？

根据弗洛伊德的理论，我们需要整理所有与逝者相关的回忆，从悲痛的废墟中获得能量，只有这样，才能健康地结束哀伤，生活才可以"自由和无拘无束"地继续进行下去。弗洛伊德继续说，如果没有竭尽全力地去面对哀伤，而只是一味压制自己的情绪，这将不可避免地产生消极的后果。最后，弗洛伊德认为，只有果断地切断与逝者的关联，才能回归正常的生活。这个过程，他发明了一个词叫"解决哀伤"。

将哀伤当作一个问题去解决的想法让我们人类感到安

心，因为我们智人最擅长的就是解决问题。为了应对夜晚的寒冷，我们点燃了篝火；出现危险的细菌，我们发明了抗生素；为了安全地挂起一幅画，我们发明了螺丝钉。我们能发展到今天，很大程度上归功于我们解决问题的心态，我们倾向于把每一个挑战都看作一个需要解决的问题。这就是弗洛伊德"解决哀伤"理念的来源。思路很简单，如果我们把哀伤看作一个需要解决的问题，就可以通过努力把它重新控制住。很快，弗洛伊德的这一理念就像野火一样传播开来，世界各地的研究人员接受了弗洛伊德的观点并将其进一步发展。

其中一位是精神病学家伊丽莎白·库伯勒·罗斯，在她于20世纪70年代出版的《论死亡和濒临死亡》一书中，首次提出了举世闻名的"哀伤五阶段"理论——即人们面对哀伤的全过程。第一个阶段是每个哀悼者都经历的否认期，最终会被第二阶段的愤怒期取代，随后进入第三阶段讨价还价期，第四阶段是抑郁期，第五阶段为接受期，也是整个过程的最终阶段。罗斯认为，只有经历了这五个阶段的人才能应对哀伤。

好了，我们现在知道处理哀伤是一种工作，我们还有五个阶段理论指导我们度过，那么现在还缺少的是人们因为哀伤应该表现出怎样的行为。就这一点，研究也提供了明确的方向。德裔美国精神病学家埃里希·林德曼于1944年发表了一篇题为《急性哀伤的症状学和管理》的论文。这篇论文在当时被誉为经典。在这篇论文中，林德曼非常准确地定义了正常的哀伤应该是怎么样的，以及什么状态下的哀伤才应被归为病态的哀伤。他写道，正常哀伤的表现是非常统一的，承受20分钟到1小时负面情绪的压力，喉咙里出现肿块，伴随着叹气、无法进食和精神上的痛苦。林德曼明确定义了哀伤的行为，最重要的是，他描述了一个统一的哀伤症状，同时他还声称，没有表现出上述症状的人有心理问题，应当立即进行治疗。

弗洛伊德、罗斯、林德曼和许多其他人为哀伤裁制了一件紧身衣，但事实证明，这款紧身衣的带子太紧了，乍一看，这样的剪裁和诱人的简单线条似乎是合理的，但事实并非如此。即便是弗洛伊德本人也在他的文章中警告说，他的想法纯粹是出于猜测。虽然他明白哀伤是一个需要尽快度过的阶段，以便结束与逝者千丝万缕的联系，重新出发。但他后来也承认，他曾长达数年沉浸在对女儿的痛苦追思中。伊丽莎白·库伯勒·罗斯在她生命的尽头也写道，她的哀伤5阶段模型并不是强迫人们毫无感觉地快速经历这5个阶段。哀伤五阶段模型在现代心理学中已经过时，弗洛伊德关于"解决哀伤"的理念也没有得到科学佐证，林德曼对正常哀伤的表述也不符合现代研究得出的数据。恰恰相反，根据现有的研究可知，现实中的哀伤与理论中的截然不同。

约30年前，心理学界就开始质疑已有的关于哀伤的理论。通过对大量数据的评估，心理学家玛格丽特·斯特罗伯和她来自乌得勒支大学的同事亨克·舒特于1999年开发了应对哀伤的双重过程模型。她假定哀悼者在感觉失去和重建生活这两种情绪模式中来回切换，有时想到失去至亲就悲痛万分，有时又觉得可以重新出发，继续向前。

这两种情绪模式各自都发挥着重要的作用，哀伤可以让我们将注意力转向内部，帮助我们进行反思。如果实验人员在实验中故意将受试者置于哀伤的情绪中，他们往往在记忆力方面有着更好的表现，也更能准确地评估自己，更客观地

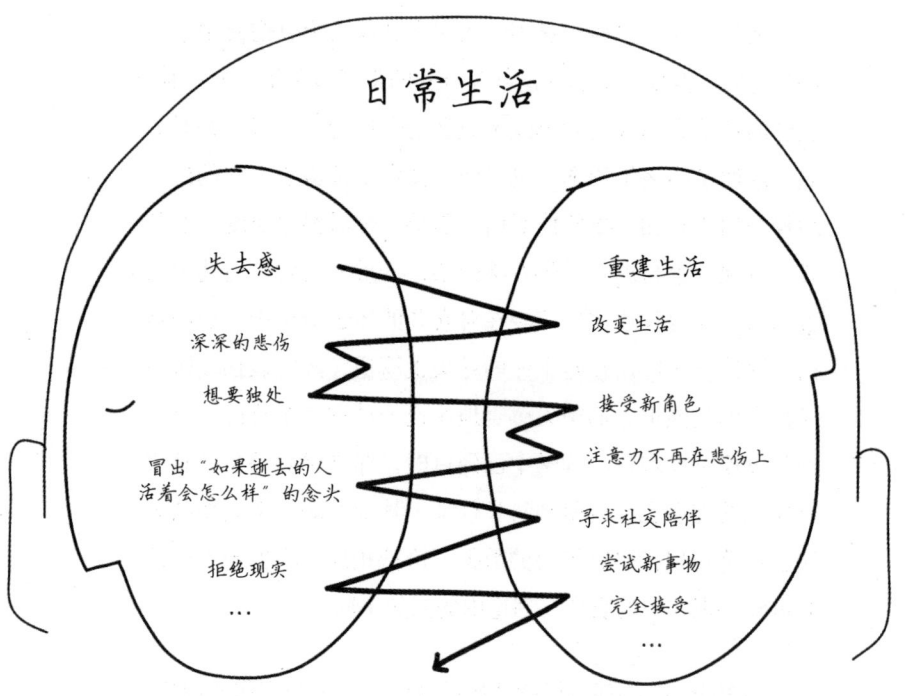

图8 应对哀伤的双重过程模型

哀悼者在生活中不断地在感觉失去和重建生活这两端摇摆，这两种情绪模式都有其独特的作用。

对待他人。我还剩下什么？我还能激活多少能量？我现在需要谁？哀伤能帮助我们回答这些问题。

哀悼者感到开心，也会对未来充满信心；哀悼者发自内心地大笑或去跳舞，这并不是病态哀悼的标志；这些快乐的片刻对他们是有益的，这有助于他们恢复积极的情绪。这完全归功于与逝者有关的美好回忆以及对继续生活和战胜新挑战的愿望。对于旁人来说，当哀悼者不那么悲伤时，他们能更容易与哀悼者共度时光；陪伴过哀悼者的人都知道，与他们相处会消耗多么大的能量。但是，当我们一起开怀大笑时，一切都轻松了起来。

哀伤不是静止的，而是在绝望与信心、哭与笑之间交替进行。两种状态之间的切换并不像摆锤摆动一样规律，而是有时倾向于满心绝望，有时倾向于满怀信心，有时会在一个状态下停留数日。从哀悼者的角度来看，哀悼不是简单地掉入一个深不见底的黑洞，而是面临突如其来的悲伤的巨浪，随着时间的推移，海面逐渐平静，但突然又一个大浪拍打过来，毁掉了一切。

三

纽约哥伦比亚大学乔治·博南诺教授收集了数以千计哀悼者的数据，在他的分析中，最重要的一个结论就是，哀悼不是一种统一的经历。哀悼的方式就像生活一样多种多样，所谓适合所有人的、唯一的、"正常"的方式并不存在，哀悼的方式数不胜数。哀悼的方式受许多因素的影响，本人的性格、外部环境、文化、与逝者的关系等等。逝者是在纵享人生后自然死亡，还是像张智星3岁的女儿那样早逝？逝者在世时，哀悼者是有充分的时间和他道别，还是意外突然降临？

我们经历悲痛的程度取决于与逝者在生活中的交集有多少，有多亲密，有多少共同的回忆。重要的是，失去对一个人到底意味着什么。我的朋友一听到篮球明星科比在直升机坠毁事件中丧生的消息就哭了，对他来说，他们共同热爱的运动将他和科比联系了起来。另一个朋友在得知自己继父死亡的消息时，惊讶于自己的反应，他没有想到自己会这么伤心，因为他们似乎从未非常亲密过。人们常常只有在失去时才意识到自己曾经拥有过什么，我们也往往只有在感到悲伤的时候，才会意识到失去的人对我们有多么重要。

博南诺教授的研究还表明，大多数人在哀悼的早期阶段饱受抑郁情绪折磨，但随后又恢复得出奇地快。他认为，在经历了严重的丧亲之痛后，如果人的心理和身体状况还能保持相对稳定，应当要感谢人的韧性。对旁人和哀悼者自身来说，这种经历似乎是出乎意料的。因为我们都以为他们从此会一蹶不振。但根据研究，35%到65%的哀悼者都展示出了韧性，这有迹可循，因为如果人类直接在悲伤中崩溃，那么进化早就会将悲伤这种情绪抹除得干干净净了，即使在生活中面临重大的失去，最终我们也能继续生活，这是天性使然。

我终于明白，原来我的朋友乔纳森在面对悲伤时选择了韧性。多年后，当我终于鼓起勇气询问他当时的感受时，他告诉我，晚上睡觉前竟没有想哭的冲动，他自己也十分惊讶。他并非有意识地去选择以这样的方式面对哀伤，所以他常常觉得周围的人比他更不知所措，外人只看到了他欢笑、有力、坚韧的一面，没有人想过，即使他拥有最强的韧性，也不意味着他不难过。

只有不到10%的哀悼者受到"持续性哀伤症"的困扰，该疾病于2019年5月被世界卫生组织列入国际疾病。对于患上这种病的人来说，他们几乎完全失去社会生活，只想着失去的至亲，毫无积极的情绪，只有麻木，他们仿佛被困在痛苦中，而这种心态将持续超过6个月。世界卫生组织承认，这种状态持续的时间与患者的文化和背景有着不可分割的关系，这也是为什么对哀悼者进行诊断与治疗的标准至今仍然含糊不清的原因。

科学家们为此争论已久，可以肯定的是，哀悼者有精神失常的可能，如果确实如此，他们就需要专业的帮助来重获健康。但哀伤本身并不是一种疾病，而是一种完全自然的反应。如果我们把所有正处于哀悼中的人一概送去治疗，那就像在没有骨折的腿上打石膏一样，多此一举。为哀悼不分青红皂白地提供"专业帮助"并非百试百灵。

恰恰相反，在一项元分析中，研究人员对悲伤治疗和咨询的效果进行了评估。这当中涉及23项研究，有超过1600名受试者参与。事实证明，与对照组相比，接受治疗的人几乎没有获得任何改善，分析显示，如果没有治疗，许多人或许会表现得更好。

最新的研究也从根本上质疑了弗洛伊德试图通过解决哀伤，最终切断哀悼者与逝者之间联系的做法。人际关系牢牢地在我们的大脑中扎根，许多哀悼者称，他们觉得没有必要终止与逝者之间的关联。这恰恰也是弗洛伊德在女儿去世后亲身感受到的。父母往往希望可以继续保持与逝者的关联，适应并重新定义他们之间的关联，而不是彻底失去它。希望与逝者仍长期保持关联的愿望，长久以来在心理学中被认为是不正常的，甚至会影响人们战胜哀伤。随着"持续联系理论"的问世，人们认为与逝者建立持续的关联对心理健康相当有帮助，并没有任何不妥。有些人给逝者写信，在网上也有虚拟坟墓和网上纪念馆。家人为已故的孩子庆祝生日，并在社交媒体上分享这一经历。这样看来，张智星和她女儿娜燕的"重逢"也就不那么奇怪了。

"总有一天，你必须克服它。"我们经常这样说。不！时间并不能治愈所有的伤。失去挚爱的悲痛也许永远不可能结束，也不需要结束。失去挚爱就像一个伤疤，虽然伤口已经愈合，但仍然存在，有些时候仍会隐隐作痛。当收音机里传来曾经一起听过的歌，或者当逝者去年春天播种的花在花园里开了，痛苦就会像浪潮一样再次拍打我们。乔纳森至今仍深受困扰，当他晚上梦到他的爸爸横穿马路的情形，醒来时，痛苦就会再次向他袭来。

我们假设哀伤最终会消失，哀伤者也将再次回到原来的自己。但是，如果所爱的人——也属于自我的一部分——已经不复存在，自己的孩子因事故或疾病从此消失，一切又该如何回到过去？亲人的逝去是如此大的变故，再也不可能回到从前了。加拿大音乐家和作家尼尔·皮尔特在一年内先是因车祸失去了女儿，随后妻子也因癌症去世。他在哀悼亲人时写了一本感人的书，他在书中承认，在失去挚爱之后，原本的自己已不复存在。皮尔特表示，现在回想起来，他更想把当时的自己称为另一个人。"我们必须从零开始，构建一个新的生活模式。"他写道，"这个模式让我们与哀伤共存。"我们还能否感受到失去的痛苦其实一点也不重要，重要的是要学会与失去相处。

很久以前，哀伤被压抑在"紧身衣"里，直到今天，在人们最需要喘气的时候，这件"紧身衣"仍然紧紧扼住人们的咽喉。这件"紧身衣"的扣子分别是"处理哀悼"、所谓的悲伤必经的五个阶段，以及对"不正常"悲伤的恐惧。这件"紧身衣"从来都不合身。哀悼属于哀悼者，而不是规则，我们还是应该敞开心扉，谈论哀伤，并给哀伤空间。我的朋友告诉我，对他来说，谈论哀伤是一件好事，但在我们快节奏的生活中，往往很难找到一个合适的机会自由地谈论它。我认为这就是我们应该努力的方向，创造时机，让我们能够谈论和思考哀伤。如果你真的想帮助一个正在经历哀伤的人，你不应该只用几句空话敷衍了事，或试图用"一切都会好起来的""你必须克服它"或者"每段经历都有它的意义"这些话去解决问题。这些话表达的更多的是我们的无助，并不能去真正帮助到别人。对朋友的哀伤表达出真诚的关心体现的是对他的支持，如果朋友可以毫不掩饰地表达自己的情绪，并且我们也可以不加评判地看待这些情绪，那效果会更好。

让我们记住,每个人对哀悼的想象可能与最后真正经历的真实情况相去甚远。理解了这个道理,当有一天它落在我们身上时,我们也就可以不再对自己应有的感觉设定期望。我们意识到,哀伤是一波波接踵而至的,在这当中也会夹杂着幸福的时刻和对未来充满希望的时刻,而我们想要继续保持与逝者的关联也是很正常的事。我们无法减轻痛苦,但是也不存在所谓的"正常的哀伤"。只有这样,才能带走我们不必要的压力,并将我们从必须"解决哀伤"的思路中释放出来。

哀伤不能被解决,因为挚爱已经离开人世间,我们会想念他们,我们也不该去解决或处理哀伤,而应该去感知它。所谓的捷径并不存在,唯一的办法就是全心全意地去体会所有的感受。

我相信,哀伤与爱有很多共同之处,对逝者的哀伤是生命中爱的代价。这两种感觉往往都在意想不到的时候来到我们面前。所爱之人在去世后留下的种种痕迹正是他们被深爱的证据,能够在人间留下痕迹是令人欣慰的,因为这也是另一种继续活着的方式。失去挚爱的生活不再是原来的样子,因此,重要的不是克服哀伤,而是与之共处。

我们的感觉永远没有对错之分。因此,不要强行束缚我们的感觉,这点适用于哀伤,也适用于我们生命中大大小小的各种感受。

第八章

断裂的线

耐心的优良传统重放光彩

> 做事没有耐心是不会成功的，就像不运用手段就无法实现目标一样。
>
> ——黑格尔

下班后的A1高速公路堵成一片，寸步难行。但20分钟后我必须到达录音棚。尽管车里开着空调，但我还是觉得很热。我左手不安地拍打着方向盘，右手顺势打开了收音机。交通实时播报到底在哪个频道？该死的！我要迟到了。我烦躁地伸手去拿我的手机，我相信用导航软件应该能查到堵车的原因，但我的手机却在此时掉落到了车座间的缝隙里。这一天可真是倒霉。前面的那个白痴怎么还不往前开？旁边的车道早就畅通无阻了，要是这个白痴能往前开一点，我就能变道到旁边的车道上了。我真的已经尽力克制自己了，我的心怦怦直跳，时间在流逝，我却无能为力。太让人抓狂了！

我是一个没有耐心的人。特别是当我被迫放缓脚步时，我很难保持冷静，无论是遇到交通堵塞，还是结账时的排队等候，或是等待紧急需要却姗姗来迟的包裹。"我们为您开通 2 号收银台。"要不是我的羞耻感拦着,我早就用手肘扒开人群挤到最前面了,我可太想冲到前面去了。我相信,不止我一个人喜欢畅通无阻的感觉。

一

根据民意调查,在餐厅用餐时,如果食物在 30 分钟后还没有摆上餐桌,三分之二的德国人表示会变得十分愤怒。如果约见的另一方迟到,超过一半的人表示会大发雷霆。在 2008 年进行的一项调查中,近两万名受访者被要求给自己的耐心程度打分,结果只有 5.5% 的人给自己打了满分 10 分,即"非常有耐心"。即便认为自己很有耐心,甚至在交通堵塞中也能够保持冷静,但还是会因为约见的另一方迟到,或者与医生约好的看病时间超过了自己的预期而心生不满,坐立不安,因为您此时必须尽快回到工位进入工作状态。是的,我们很难在等待时保持镇定。

为什么有些人可以在这种情况下保持冷静,有些人却表现得十分不耐烦呢?保持冷静的能力是与生俱来的,还是在后天教育中习得的?

与耐心有关的著名实验之一是心理学家沃尔特·米歇尔在 20 世纪 60 年代进行的棉花糖测试。米歇尔在每一个 4 岁的孩子面前放一个棉花糖,他们可以选择马上吃掉棉花糖,或是等几分钟再吃。作为奖励,选择等几分钟再吃的孩子将会额外得到一个棉花糖。这次试验的录像,可以说既有趣又感人,因为我们可以立马看到,耐心测试对孩子们精神力量的考察。他们有的试图转移视线，有的戳破棉花糖，然后舔一舔自己的手指或者闻一闻它的味道，不少的孩子没能控制住自己，从而错失了吃两个棉花糖的机会。

20年后，米歇尔再次找到当时参与实验的一部分儿童，通过对比，他发现那些等待时间越长的儿童，在长大后不仅学习成绩优异，还具有更好的社会技能，对挫折的忍耐度也更高。很长一段时间以来，这个实验多被引用来证明耐心在一定程度上是天生的、无法改变的，并对今后的生活有着重大影响。但是最新的研究表明，儿童的自控能力主要受成长环境和过往经历影响，受教育程度高的母亲生的小孩一般更有耐心。塞莱斯特·基德是罗切斯特大学的博士生，曾在一家收容所工作。她猜测，收容所的孩子无论他们天生的差异有多大，都会毫不犹豫地马上吃掉棉花糖。他们的环境教会他们："拿走所有你能拿的！"基德对棉花糖实验做了一些细微的改变，实验结果证实了她的猜想。在基德的实验中，实验负责人虽然对两组孩子都做出了承诺，但很快对其中一组孩子食言了。最后，再次对两组孩子进行"棉花糖"测试。结果就是两次承诺都被兑现的孩子明显比未被兑现承诺的孩子更有耐心，他们愿意等待的时间是对照组的2倍。这就表明，事实上，与环境有关的经历影响了孩子们的耐心。

与此同时，棉花糖测试本身也存在许多"变体"。特别受到关注的研究方向是文化差异对耐心的影响。奥斯纳布吕克大学心理学家贝蒂娜·拉姆领导的研究小组在2017年也进行了经典的棉花糖测试。他们对来自德国的儿童和来自非洲喀麦隆农民家庭的儿童进行了测试。结果表明，70%的喀麦隆儿童平静地等待着实验负责人的奖赏，有些孩子十分有耐心，甚至等得都睡着了。而只有28%的德国儿童成功做到了安静等待，其余的大部分人都焦躁不安，敲打着桌子，不断地抱怨，不耐烦地等待着实验负责人回来，这和我堵车时的行为如出一辙。拉姆认为，造成两组被试者之间有如此巨大差异的原因是教育方面的不同。喀麦隆的儿童作为集体的一部分，生活在明确的规则之下，并学会了尊重、服从和控制自己的情绪，而德国父母则鼓励他们的孩子积极主动地表达自己的愿望。"可以说，我们从小接受的教育允许我们不耐烦。在喀麦隆，情况则恰恰相反。"拉姆向我解释道。

许多人习惯于马上得到他们想要的东西，因为周围的一切都仿佛在说："你需要它！"假如我们未能如愿，我们会像小孩一样尖叫或坐立不安。在乘坐电梯时，我们会连按五次（而不是只按一次）电梯里的按钮，尽管我们非常清楚这样做并不会让电梯更快一点。我们想要立即买到新款的手机，即使几个月后我们能以更低的价格买入；我们会因为解不开缠绕在一起的耳机线而抓狂；读文章时只读标题；看电视时需要摆弄着其他的电子产品才能看完一部长长的影片。

在20世纪80年代，亨氏公司仍试图通过精心制作的广告短片告诉观众，美味需要时间和耐心。视频中，浓稠的番茄酱从玻璃瓶中缓缓流出，同时奉上广告语"好东西值得等待"，但这并没有奏效。亨氏公司不得不更换思路。此后，他们将番茄酱压缩到塑料瓶里，这样一来，消费者就可以快速倒出番茄酱。好东西要么立即到来，要么根本就不会来。"延迟满足"盛行的时代已经结束。

电子商务企业亚马逊已经认识到了这一点，现在，顾客只需在官网上点击"立即购买"，生活在大城市里的人们就能在几小时后收到他们网购的商品。即便如此，等待时间似乎还是太长了，所以亚马逊分别在美国、奥地利、以色列和其他国家进行测试，理想的测试结果让亚马逊很快就承诺Prime会员可以享受30分钟内无人机送货上门服务。是的，现在我们过着即时满足的经济生活。

当我还小的时候，每次都急切地盼望着星期五的到来，因为我最喜欢的连续剧《我的查理》会在那天更新。但现在，网飞、天空、亚马逊以及其他的流媒体却可以让观众无须等待，他们会在同一天发布一整季的剧集，供人们刷剧。前一集正片刚结束，还没看完片尾，3秒后，下一集就自动播放了，再也没有人愿意心心念念地等待每周的更新。网飞表示，2016年在更新当天完整看完一部剧的用户数量是2013年的20倍，达到840万人。

谷歌也在助长"即刻满足"的趋势。谷歌称：近年来，对词条"正在营业"的搜索量增加了200%，而对词条"常规营业时间"的搜索量则急剧下降。和以往相比，现在的人们在做决定时往往更加冲动和迅速。谷歌深谙其道，并深知该怎样做来迎合这一趋势："这意味着，必须比客户还要早地知道他们想买什么。"这也就是为什么我们刚和朋友谈起自己的金毛犬，狗粮广告就突然出现在网页上，如果想要比顾客还要早地知道他们的需求，那就一点时间都不能浪费。

以色列的创业公司Faception则更进一步，结合大数据和图像识别算法，Faception能够仅凭面部图像就破译人们的个性特征。Faception承诺能够根据监控摄影机捕捉到的人脸最大程度地评估出目标人物的聪明程度、外向程度及是否具有攻击性，这样一来，政府和公司不必再通过面试、审讯或问卷调查"了解"眼前的人。只要一张照片，电脑就能知道我们是谁，以及预测未来的我们会变成什么样。目前，美国和德国都在使用这个毫无耐心的"犯罪预测"技术。

二

我们的社会不再具有耐心。莎拉·施尼特科尔教授是该领域世界领先的研究人员之一，她也认为这当中存在巨大的风险。"我认为，随着技术的发展，西方社会已经毫无耐心，"这位目前在得克萨斯州贝勒大学从事研究的女教授说道，"所有的一切都在追求效率。"需要注意的是，追求"效率至上"的不只是大型公司。

即使是对最年幼的孩子，社会也要求他们果断。他们在幼儿园时开始学习英语，5岁时上小学。从那时起，他们便很快意识到，成绩决定了他们的未来，因为只有"最优秀"的人才能进入文理中学学习。因此，为了尽早以优异的高考成绩、稳定的性格以及明确的目标开始大学生活，他们必须品学兼优。矛盾的是，现在的孩子们17岁就进入大学学习了，他们还没到签署租房合同的法定年龄，却被迫成熟到可以独立完成自己的学业。这已经屡见不鲜。年轻人被推着往前跑，尽可能快地完成任务，尽可能快地到达目的地，尽可能快地找到他们热爱的东西。

一切都要尽快完成的压力在年轻人身上留下了痕迹，几乎每两个学龄儿童中就有一个被压得喘不过气来。2005年至2016年，德国被诊断为抑郁症的青少年人数上升了76%。

我们想在最短的时间内获得最多的东西，这是一种人类的悲哀。在这样的情况下，我们很难对自己保持耐心。也正是因为这样，我们成年人也对自己提出了很高的要求，并通过达到这些要求的速度来定义自我价值。"你能做到什么，决定了你是谁"变成了座右铭。我们追求在规定的时间内毕业，在20出头的年纪开一家公司，在产后3周内恢复身材，在感冒还没痊愈时回到办公桌前工作。当许多人在求职面试中被问及自己的弱点时，他们会不假思索地答道："我是一个缺乏耐心的人。"因为我们知道，这并不是所谓的弱点。如果想出人头地，需要的正是坚决果断、雷厉风行、保持高效，不让自己停下来，即使是在交通堵塞的情况下。

在新西兰的一项长期研究中，研究人员记录了1037名受试者从3岁到30岁的冲动性、挫折忍耐度和毅力情况，并向受试者的父母及老师询问了受试者在自我控制能力方面的表现。由于96%的受试儿童在成年后仍配合研究，因此人们可以通过对数据进行分析从而得出相关结论。在特别不耐烦的孩子中，47%的人在15岁时开始吸烟，而在特别有耐心的孩子中，只有 20% 的人从 15 岁开始吸烟。在学习方面，两者也存在着巨大差异。在缺乏耐心的孩子中，有近一半的人没有获得毕业证书，这其中 13% 的人还经历了意外怀孕，而这样的事情仅发生在 3% 的特别有耐心的人身上。对成年后的受试者进行身体检查（血检、心血管健康、牙齿卫生以及其他健康指标）后，可以得出结论，特别耐心的人与特别不耐心的人相比，健康状况更好，更少表现出成瘾行为，只有少部分人成为单亲父母或面临金钱问题，也很少有罪犯行为。

不耐烦不仅是一种恼人的感觉，而且还存在巨大风险。不耐烦的感觉会不断引起内心的躁动，让我们的身体承受压力。具体来说，不耐烦可能会导致高血压、肠胃问题、睡眠障碍和抑郁症。我们当然知道，不耐烦并不能解决任何问题。当我们试图不断变更车道来摆脱堵车时，当我们提高嗓门第四次向孩子解释同一个计算方法时，我们本可以再耐心一点的。正当我们努力想要保持耐心时，不耐烦的感觉占据了我们的内心，这种不耐烦的感觉甚至都不需要我们后天去刻意学习。耐心不是天生就有的，我们从小孩身上就能清楚地观察到这一点，当婴儿和小孩的愿望没有被立即满足，他们会大声哭闹和愤怒。"耐心同人类的其他能力一样，"莎拉·施尼特科尔称，"当你在日常生活中不断使用它时，他就会像肌肉一样越练越大。"反过来说，如果肌肉一直得不到训练也会萎缩。那么是什么组成了耐心这一"肌肉"呢？

一方面，耐心是一种能力。这种能力体现在，当我们需要等待时，仍能保持冷静，拥有控制力和宽容心，生活中往往需要的就是这种耐心。当我们饥肠辘辘地看着炉子里烤着的比萨时，当我们焦急地等待申请的反馈时，或者当我们有急事但超市结账的队伍却很长时，我们必须暂时耐心一点。在这些时候，我们对所需的耐心是有一定的概念的，因为我们的大脑可以粗略地估计等待的时间有多长，这也让等待变得容易一些。在等待的时间里，有些人进行正念练习，有些人则通过做一些事情来分散注意力，例如读几页书，拿起手机查看未读消息或完成一些简单的工作，借此打发时间。每次我们需要耐心等待时，我们都会面临两种选择，要么保持冷静，要么彻底失去耐心。

如果想要训练耐心，让自己处于冷静的状态，就应该了解"认知重构"技术，即从认知层面重新解读当下的情况。这意味着，积极应对或者至少不抗拒耐心对我们的考验。想象一下，我们在约定的时间到了咖啡馆，但对方却迟到了，我们可能会因为对方这一不礼貌的行为而恼怒。此外，我们也可以试着重新解读一下当下的情况，突然之间，我们终于可以有一些时间环顾四周，感受一下阳光，可以闻一闻咖啡的香味，或者我们可以干脆放飞思绪，发发呆。如果我们能像这样，换个角度去看待这件事，那么让人疲惫的等待就会变成一种积极的体验。

同理，在面对日常生活中的耐心考验时，我们不要把这些考验看作是针对自己的。"不，交通堵塞不是专门为我准备的！一辆与我无关的车抛锚了并挡住了去路。我的不耐烦是完全没有意义的，因为我没有办法改变这种情况。"你可以有意识地和自己这么说，耐心意味着可以安静等待，而不会因此抓狂。需要注意的是，耐心绝不仅仅只是一种安静消磨时间的能力。"耐心"一词在其他语言中表达的含义证实了这一点，Patientia是拉丁语中的耐心，意味着宽容、毅力和耐力。Savlanut是希伯来语的耐心，意味着宽容。由此，我们也能看到耐心在与人相处中起到的重要作用。

  当我还是一名大学生的时候，我邀请我的祖父母来学校参观，并想顺便向他们展示一下我的日常生活。这不是一件容易的事，因为他们年岁已高，最重要的是，他们行动已经不很灵便。这点在吃午饭时表现得尤为明显。在现在的食堂里就餐，拼的就是速度，上百名同学挤在这里取餐。我的祖父母弯着腰，拄着拐杖，与这样的环境显然格格不入。他们花了很多时间才看清显示屏上的菜名，然后将一碟碟菜放到托盘上。随着时间的流逝，我们身后排起了长队。通常在这种情况下，我会十分烦躁，但是那天，在与他们相处了几个小时，搀扶他们下车，同他们闲逛之后，我意识到自己没有了平时的不耐烦。我们能够一起吃饭，是因为我准备好了足够的耐心，最终，我的耐心战胜了对于速度的渴望，我们三个人得以和谐相处。

三

  我们都知道，不耐烦对于人际关系来说是致命的，无论是在爱情、友情还是团队里，不耐烦都会给对方带来压力，紧张和愤怒会就此蔓延开来。耐心的人能够保持平静，不管他们面对的是同一个问题问五次的愚钝同事，还是行动不便的老人，又或者是稚嫩的孩子，他们都有足够的耐心。科学研究表明，耐心这项能力与人们的个性有关，具有耐心的人与不具备耐心的人相比，也更有前途、更有合作精神、更具同情心。那么"我是谁？"这个问题也可以说成"我到底有多耐心？"

耐心使我们更具社会性，因此，耐心也成了"共同体感觉"的重要组成部分。然而，今天的我们常常会忽视这一点，我们几乎无法静下心来听对方说话——在谈话过程中，我们会偷偷看一眼身旁手机上不断弹出的最新消息。如果我们给他人一些耐心，就能更好地理解他们，耐心地倾听对方阐述观点和他们做一件事的动机，是非常好的一种习惯。即使我们持不同意见，也应该让对方说完自己的想法。如果我们有耐心去倾听他人的需求，就能产生同理心和同情心，这样一来，就可以避免许多冲突的发生，与他人的合作也会变得更加愉快。有时，为了让自己能够意识到这一点，我会试着放慢脚步，将自己的生活节奏切换成祖父母的生活节奏。

因此，耐心也意味着体谅、耐力和宽容，所以说，耐心并不单单是不耐烦的反义词。在许多情况下我们都需要耐心，不仅是为了当下，也是为了实现长远的目标。其实，实现目标的过程更像是一场心理马拉松，而不是一场短跑。如果想跑完全程，到达终点，就必须不懈努力。莎拉·施尼特科尔对大学生进行了一次为期一个学期的实验，通过一系列的问卷调查，我们可以明显看出，与那些没有耐心的学生相比，有耐心的学生为实现目标做出了更多的努力。最重要的是，他们不仅实现了自己的梦想，而且对生活的满意度也更高。

科学家对造成"总体来说，有耐心的受试者对生活的满意程度相较于其他人更高"这一现象的原因进行了猜测。丹麦哲学家克尔凯郭尔写道"大多数人都在不断追逐快乐，以至于错过了快乐。"而有耐心的人不仅花时间实现自己的目标，也花时间享受成功带来的乐趣。

此外，耐心也意味着眼下要放弃一些东西，以便在未来有所收获。与棉花糖测试中孩子们面临的情况不同，为了实现更宏大的目标，仅仅忍耐几分钟是远远不够的。我们必须长年留出部分工资，以便在老年时能够过上富足的退休生活，或者在参加培训时，为了获得结业证书而放弃业余休息时间。这些道理我们都懂，但是实施起来却没那么容易。为什么会这样？由哈尔·赫什菲尔德教授主导的来自斯坦福大学的研究团队在一项复杂的实验中找到了原因。

首先，研究人员要求受试者想自己，与此同时，实验团队观察他们此刻的大脑活动。接下来，受试者被要求想另一个人，最好是像大明星娜塔莉·波特曼或马特·达蒙这样的陌生人。正如预期的那样，测量数据显示，我们前后两次的大脑活动呈现出了明显的差异，我们在想到自己和想到一个陌生人时，大脑的活动模式是不同的。第三次测试是整个研究的核心，受试者被要求再次想到自己，但不是此时此地的自己，而是10年后的自己。令人惊讶的是，此时的大脑活动模式和我们想到一个陌生人时的大脑活动模式十分类似。简单地说，我们对未来的自己就像对马特·达蒙或娜塔莉·波特曼一样陌生，"10年后的自己并不是随便的一个陌生人。

它对我们来说意义非凡，"哈尔·赫什菲尔德教授在谈话中说，"但现在的自己对我们来说更为重要。"斯坦福的实验是该领域众多实验中的一个。在这个领域中，越来越多的证据表明，我们的脑中有两个版本的自己，"现在的自己"和一个离我们很远的"未来的自己"。然而，我们对"未来的自己"知之甚少。这个结论可以帮助我们解释很多现象。现在是 2 月份，为什么我们很难下决心去健身房健身？因为对于此时此刻的自己来说，能否在夏天来临时在海边秀出自己完美的身材根本不重要。那么，为什么现在我们不能在身上文上爱人的名字，仅仅只是因为 10 年后，未来的自己可能会选择分手？为什么要现在开始存钱，是为了退休后可以去加勒比海喝鸡尾酒？

我们很难保持耐心，因为我们没有意识到大脑正在区分现在和未来的自己，谁会声称存在两个自己？杜登词典上的"自己"并没有复数形式。但耐心恰恰需要我们有这种洞察力，其实，我们很容易就能做到。

在一项实验中，研究人员借助图片编辑程序为受试者预演了他们老年时的样子，更多的皱纹，更大的耳朵，头上稀疏的白发。在虚拟世界中，他们能够与未来的自己交谈，仅仅是这次的体验就让很多受试者愿意开始存钱，以便在未来获得更大回报，受试者看着年老的自己，愿意开始存钱了。

在日常生活中，我们倒是也不必借助这样的技术来训练自己的耐心，尽可能生动地去想象自己未来的样子就足够了。未来的自己会长成什么样？会怎么样行动？会穿什么样的衣服？一旦我们意识到，未来是由当下做出的一系列决定组成的，我们就会有动力去保持耐心。尼采曾写道："等一等，耐心一点，就是在思考。"我们与动物的区别就在于拥有想象自己未来的能力，完成培训的自己会是什么样子？当我每个月按时支付养老保险金时，我难道不能期望退休之后的我在皱皱巴巴的皮肤上文个文身吗？为什么不与未来的自己做一些妥协呢？大体上说，以上这些想法都能让我们更容易接近"未来的自己"。并且，这些想法能帮助我们更有耐心地为这个未来的"陌生人"做一些好事。因此，耐心也可以理解为一种信念，我们当下失去的即我们未来获得的。

最后，耐心也意味着要经受一些磨难，不被绝望打败。当我们被抛弃时、失业时或者饱受疾病之苦时，我们需要很大的耐心，当周围的一切仍在有条不紊地高速运转时，想要保持耐心尤其困难。2020年年初，一切都变了。当新冠病毒让世界放慢了前进的脚步，我们中的许多人被迫止步不前时，安格拉·默克尔呼吁道："请您耐心一些。"没有人能告诉我们，这场突如其来的疫情会持续多久。上百万的劳动者缩短工作时间，项目停滞不前，约会被推迟，祖父母不被允许探望他们的孙子孙女，所有人都必须留在家中。巨大的不确定性、漫长的等待、与人群隔绝的生活给许多人造成了心理负担。

四

2020年2月初，通过对中国武汉2000多个紧急热线电话录音进行初步分析，研究者发现，47%的来电者处于焦虑状态，20%的来电者睡眠出现了问题，16%的来电者表现出了抑郁症状。在瑞士和英国进行的相关调查也得出了类似的结果。与此同时，也有相当多的人从这次史无前例的全城封锁中看到了机会，人们终于有机会放慢生活的节奏。早在2020年3月，研究者在对来自德国、中国和美国等15个国家的13800多人进行调查后发现，53%的受访者表示，此次危机拉近了家人之间的关系。"我的孩子们认为这是一件好事，因为我现在回家吃午饭了。"我的一位教授朋友告诉我，他原本工作很忙。从长远来看，没有人知道新冠病毒会对大家产生什么影响。或许在将来的某个时候，当我们回顾过去时，发现我们从这场全球大"停摆"中重新认识到了耐心的价值。我非常喜欢 Langmut（克制，容忍，极大的忍耐）这个古老的词，它常被看作 Geduld（耐心，耐性）的近义词。保持冷静和宽容，永葆前进的勇气，这是我从这次新冠病毒危机中得到的最大的一笔财富，尽管我常常难以做到这些。

我们太习惯于立马行动，从而低估了等待的价值。与大多数人的想法恰恰相反，事实上，有些时候，无为的策略往往更容易帮助我们取得成功。就拿交通堵塞来说吧，许多人不断变换车道，以为能更快到达目的地。然而，有关专家却不建议这样做。因为这样做其实并不能为自己争取更多时间，反而还会让自己承受很多压力，交通也只会因此变得更加拥堵。同样的，研究人员在对男足比赛中数百个点球进行科学分析后发现，守门员的最佳防守策略其实是站在中间不动，但在94%的情况下，他们都会为了挡住球，迫不及待地直接扑向球门的一角。站在中间耐心等待球的到来才是上策，但很少有人能够做到，也许是因为如果自己呆呆地站在那里，就会有无所作为的嫌疑。还记得那个受试者因为无聊自愿电击自己的实验吗？什么都不做，真的很难实现。心理学将这种现象称为"行动偏误"，我们可以认为这是大脑犯的一个错误，简单来说，我们的大脑喜欢行动而不是等待。

医学领域正试图避免这种来自大脑的错误。得益于更好的筛查方式，与过去相比，人们可以更高效地发现前列腺癌，在之前的很长一段时间里，患者在确诊后首先要进行积极的治疗，包括化疗、放疗或外科手术等。渐渐地，我们知道，过早干预并不总是必要的，观察等待是另一种治疗方式。除了前列腺癌，保守治疗还用于治疗子宫肿瘤或轻度抑郁症，在征得病人同意后，医生会尽可能地采取保守治疗，其目的不是为了偷懒或减少医疗开销，而是为了让病人远离不必要的副作用，从而过上尽可能好的生活。

我相信，这样的观察等待法也同样适用于日常生活。在面临挑战时，与其落入"行动偏误"的陷阱，立马行动，不如试着观望等待。这不仅可以让我们不再时不时地做出仓促的决定，也可以减轻"必须立刻做出反应"这一指令给我们带来的压力。

如果我们能够像练肌肉那样训练我们的耐心，我们就能更冷静地面对日常生活中的各种压力，对他人也会更加宽容和仁慈。我们会更有毅力，创造更多成功的经验，更好地渡过难关，这些都是我们进行耐心训练的强大动力。我们把目光投向日常生活，现如今，我们能够以 5G 的速度获取资讯，无人机不到 30 分钟就能完成同城订单配送，算法在几毫秒内就能解码人格，在这种情况下，我们真的还需要耐心吗？这不就像是在高速公路上，驾驶着一辆拖拉机吗？耐心真的在 21 世纪还有用武之地吗？

也许耐心的优势并不总是那么明显，但在这个高速发展的时代，耐心却是一种难能可贵的品质。在当今社会，综合性知识和问题的长远解决方案对于各个生活领域来说愈发重要，要想获得它们，我们需要投入足够多的时间，在合作中不断试错，深入探索这个复杂的世界。在写这本书时，我深有体会，来自全世界的研究人员共同致力于解析大脑的结构，为了研究外国文化中的愤怒而动身前往遥远的国度；或者绞尽脑汁制造出一台机器，用粪便移植的方式治疗抑郁症。在与这些散发着智慧光芒的人交谈时，我总能看到他们在工作时多么能吃苦。只有当众多小齿轮在某一时刻相互啮合时，我们才能回答关乎时代的大问题。我们不可能像解开"戈尔迪乌姆之结"那样一下解决全球变暖问题。我们也无法在一夜之间研发出疫苗，更不能一下子把量子计算机建造出来。据说，爱因斯坦曾表示自己并没有那么聪明，"我只是在问题上停留的时间比较长。"灵光乍现确实可以推动事物的发展，但要使一个想法真正落地，并得到推广，就需要思考、学习、暂停，并在迷路的时候，花时间回到原点。

"世界上所有的自然、所有的增长、所有的和平、所有的繁荣和美丽都基于耐心，需要时间，需要沉默，需要信任。"赫尔曼·黑塞这样写道。我们很难用优美的语言来呼吁大家在生活中多一些耐心。我在本书的其他章节也都提及耐心，它可以帮助我们更好地理解我们的恐惧感或饥饿感。在接下来的篇幅中，我们将会再次提到耐心，因为情感世界的心灵之旅需要耐心才能完成。耐心就像肌肉一样，静静地等着我们去开发。因为，如果没有耐心，我们人类既不能找到自己，也不能相互找到彼此。下次碰到交通堵塞时，我就这样去想。如果我有足够的耐心的话，那么……

第九章

激情燃烧

危险地追逐激情

激情是生命战车上的骏马,
但只有当马夫控制好缰绳时,
我们才能平稳前行。

——卡尔·朱利叶斯·韦伯

"你们必须找出自己的心之所向,无论是工作还是爱情。你们的工作将成为生活的重要组成部分,只有从事自己认可的工作,才能获得真正的满足。想要胜任内心向往的工作,首先需要热爱它。如果你们还没找到职业上的心之所向,请继续寻找。不要停下来,就像所有的心之所向一样,当你找到的时候,你的内心会有一个声音说,就是它了。"

2005年,苹果创始人史蒂夫·乔布斯在斯坦福大学做毕业演讲时,赢得了雷鸣般的掌声,演讲的视频也一度在网上疯传,乔布斯的演讲似乎触动了大家的神经。工资的多少和是否配备公务车,不再是评价一份工作好与坏的标准,重要的是做让自己满意的事,倾听自己的心声。除了苹果创始人乔布斯、沃伦·巴菲特、奥普拉·温弗瑞、慈祥的父母、无数的职业导师,都给出了同样的建议。甚至贴在冰箱上的明信片也写着:去实现你的梦想。

一

　　与我们的父辈不同，我们这代人似乎有着无限的可能。无论是在职业方面，做学徒、进修、创业或者做个牧羊人；还是在休闲娱乐方面，瑜伽、马拉松、制陶或者是升级改造废物。在这样一个一切皆有可能的世界里，兴趣占据了主导地位。我们想要找到满足感，为我们所做的事而燃烧，并在这个过程中尽可能地获得乐趣，因此所有的心灵导师都给出了同一句话："跟随你的激情。"

　　激情是一种自身可以不断强化的能量。当我们感受到激情时，就会满腔热血地投入手中的事，同时，这件事又将激情回馈给我们的大脑。这是因为我们所做的事让我们感觉良好，所以大脑会释放更多的激情和欲望。在莎士比亚的时代，激情是浪漫爱情的专属。史蒂夫·乔布斯对此的看法却截然不同。今天，人们不仅期待在性爱中有激情，同时也期待在工作上拥有激情，"选择一份你喜欢的工作，你这辈子就再也不用打工了！"这句话很有迷惑性。对于斯坦福大学的毕业生们来说，所有的工作机会都向他们敞开大门，这句话当然非常在理。但是对于其他人来说，这句话就很容易让人头脑发热，从而认不清自己仅有的择业空间，把激情当作找工作时的第一信条。"选择一份你喜欢的工作"这句话，乍一看，似乎很有道理，因为成年人除去睡觉的时间，超过四分之一的时间都在工作中度过。所以我们应该去追求一份令我们快乐并能给我们带来满足感的工作，但是，一味追求工作中的激情，也有可能让我们走向危险的深渊。

几年前，我的一位熟人汤姆在他的早期职业生涯中就经历了类似的情况。那年汤姆刚满25岁，凭借他聪明的头脑和强烈的事业心，他成功赢得了一家初创公司老板的青睐，给他提供了一个领导层职位，这只是汤姆的第二份工作，而且他用行动证明了他完全可以胜任这份工作。起初，工作上的挑战和五花八门的工作内容让汤姆非常满意，但很快，他就对此产生了怀疑。毫无结果的冗长会议，不断重复且雷同的电子表格，一周又一周毫无新意的工作，这一切都变得索然无味，最初的热情和令人兴奋的新鲜感最终被日常琐碎打败了，汤姆显然对这份工作失去了兴趣。最后他辞职了。"我想我只是没有发现自己真正喜欢的是什么，没有发现我的激情所在。"汤姆试图说服自己。

和许多人一样，汤姆也坚信真正的激情一定沉睡在他身体的某个地方，只是迄今为止他还没有发现并唤醒它。在美国的一项研究中，高达78%的受访者表示，上天赋予自己的兴趣和偏好就隐藏在心中的某个角落，等待着被唤醒，一旦它们被唤醒，就能转化为不竭的能量和纯粹的快乐。根据汤姆和大多数受访者的假设，激情藏匿在他们内心深处的某个地方，我们把这种人称为"唤醒者"。耶鲁 – 新加坡国立大学教授保罗·奥基夫是世界上为数不多的研究"这种唤醒心态对我们的影响"的学者之一。

在他的一个实验中，他将学生分成两组，一组学生被告知兴趣是固定的，当时机成熟后，兴趣会在某个时刻被激活，另一组的学生则被告知兴趣是可塑的，是可以加以培养的，如果一个人坚持在某一领域深耕，就会萌生对这方面的兴趣。随后，两个小组都观看了一部有关黑洞的通俗易懂的短片，受试者们纷纷表示，他们对黑洞有了初步的兴趣。现在，他们被要求再阅读一篇刊登在专业杂志《科学》上的关于黑洞的专业文章，面对复杂的术语和枯燥的理论，两组学生的表现却不尽相同。当有着唤醒心态的学生发现文章难以理解时，他们放弃了阅读，他们声称，"让我觉得心累的事，都不是我真正的激情所在，不然的话一切就不会如此艰难。"而认识到激情需要培养和发展的学生则恰恰相反，他们并不会轻易被复杂的专业文章难倒，与对照组相比，他们对黑洞的兴趣持续保持着较高的水平。这意味着，在接触一件事情时，如果"唤醒者"没有马上感受到激情，他们就会选择放弃。一旦事情变得困难、很难取得成功或者事情非常单调时，像汤姆这类的"唤醒者"就会开始质疑现在是否还要继续前进，因为他们的思维停留在这样一种认知上——当人们在追求某件事时，如果这件事需要长期的耐心，就不可能是真正的激情所在。因为如果人们真的是带着激情做某件事时，会被"赋予"能量，"唤醒者"生怕继续进行下去会错过自己真正的心之所向。带着这样的担忧，"唤醒者"就算继续坚持做这件事，也会感到心不在焉。

"唤醒者"的心态很普遍，然而这种心态却建立在一个错误的基础之上。"激情不会在原地等你，你必须主动创造它。"保罗·奥基夫告诉我。与大多数人认为的恰恰相反，最初的兴趣离真正的激情其实还有一段距离。

科学界将这段路程定义为兴趣发展的四阶段模型。第一阶段是激发的情景兴趣，听了一个讲座引发了对某个新话题的初步兴趣，度假期间引发了对当地语言的兴趣，或者观看一个关于黑洞的视频激起了对天体物理学的好奇心。第二阶段是维持的情景兴趣，这一阶段的核心是坚持，因为父母对孩子萌发的初步兴趣期待过高，从而导致后期无法坚持下去，只能让买来的打击乐器或小提琴在地下室里长年积灰。上一两次音乐课、学几个意大利语的单词、看第一个关于黑洞的视频，这些都十分有趣。这个时候，如果可以继续坚持下去，兴趣的火苗就能继续燃烧，变成一小团火。紧接着就来到了第三阶段，深入探寻阶段。这时，人们已经获得了与自身兴趣有关的基础知识，并希望了解更多。具体来说，最初由外部环境引发的兴趣慢慢转变成了最初的个体兴趣，此时，人们沉浸在个体兴趣中，并寻求更大的挑战。只有到了第四阶段，也就是沉淀的阶段，我们才能说一个人找到了他的激情所在，也就是科学界所称的稳定的个体兴趣。处于这个阶段的人可以达到心流的状态，并小有成绩。例如可以用外语进行对话，或者用小提琴演奏一段有难度的曲子，至此，兴趣已经达到了一个令人意想不到的深度，不再是最初的兴趣火花所能比拟的，兴趣之火熊熊燃烧。

什么都不能阻挡我们去尝试新鲜事物，好奇心为我们打开了许多大门，让兴趣的小火苗有机会最终成为熊熊燃烧的兴趣之火。特别是对于年轻人来说，试错成本较低，就像汤姆一样，大可以尝试不同的事物。同时我也认为，汤姆过早地止步于兴趣发展的第二或者第三阶段，最终未能到达第四阶段，未能燃起兴趣之火。

激情需要时间的沉淀。像汤姆一样,坚持激情固定论(即坚信激情藏在内心深处的某个地方)的人,面对不能唤起他们激情的话题或者挑战,会浅尝辄止,继而选择放弃。保罗·奥基夫在研究中也发现了这一点,这些坚持激情固定论的唤醒者们不愿涉足自己不感兴趣的领域,他们一边在不断地寻找着自己的激情所在,一边却不愿睁开双眼看清脚下的路。

反之,那些坚持激情成长论的人则清楚地意识到,想要找到内心的激情所在,只需要一点兴趣的小火苗就足够了。在经历兴趣发展的四个阶段后,小火苗也可以变成熊熊烈火。他们可以在不同的领域中培养兴趣,发展自己的激情。秉持着这样的观念,我们完全可以涉足一个以前从未接触过的全新领域。

奥基夫向我透露了一个尚未发表的长期研究,他和他的团队已经为之努力了2年多,他们在一所文科类的大学里进行此项研究,也就是说,这里的学生对数学一般都不太感兴趣。研究团队选择了一个年级的学生作为实验对象,并在学期刚开始时将他们分成两组,第一组学生参加了一个关于提升学习技能的研讨会,第二组学生则接受了一次长达30分钟的关于激情的培训。在培训中,培训师为同学们讲解了激情不是被"找到"的,而是被塑造和建立的,此外,培训师还向学生们展示了上述黑洞实验的实验结果,并要求他们写下曾经坚持过的事情。

8个月后,与第一组学生相比,第二组的学生普遍对数学课程表现出更大的兴趣。同时,他们也在数学课上取得了更好的成绩,并看到了数学课程和自己最爱的课程之间存在很强的关联性。2年后,与第一组学生相比,有更多来自第二组的学生自愿选修数学课程。然而,两组学生对主修课程的兴趣没有发生变化。这项研究再次表明我们的观念对我们的情感世界有着怎么样的影响力,这也同样适用于激情,我们对激情的理解决定着我们对它的感受。如果我相信我们自己能够塑造并建立激情,那么当起初感兴趣的事物比较单调或者有一定难度时,我大概率也会继续坚持下去,只有这样,我才能掌握与兴趣相关的基础知识,并将其融合在一起,最终找到我的激情所在。

奥基夫解释说:"有时,激情来得非常快,就像'顿悟时刻'一样突然降临。而有时,寻找激情则需要较长的时间。"随后,他又补充道:"寻找激情是有一个过程的,而这个过程通常会持续很久。"当然,也会有人一看到黑洞的视频,就立马为之着迷,直接跳过了兴趣的第二个和第三个阶段,快速进入第四个阶段,产生了激情。但这只是例外,在寻找激情的路上,最需要的是耐心。

二

说到这里,就不得不提到10000小时定律。这个概念凭借马尔科姆·格拉德威尔的世界畅销书《异类》闻名世界。格拉德威尔最初是通过一项由心理学家安德斯·埃里克森于1993年进行的研究了解到10000小时定律的。当时,埃里克森和他的同事对柏林艺术大学小提琴专业的学生进行了调研,研究人员询问学生过去每周需要抽出多长时间练琴，共练琴多少年了。调研结果显示，整个年级的尖子生们在 18 岁前总共平均花 7410 小时练习小提琴，而成绩一般的学生们则只抽出了 5301 小时进行练习。由此推断出，对于一位 20 岁的小提琴艺术生来说，需要进行 10000 个小时的练习，才能跻身尖子生行列。即使对比尔·盖茨、披头士乐队或莫扎特来说也是一样的，他们同样需要 10000 小时才能进行高难度的计算机编程、熟练地演奏和作曲。格拉德威尔一边说一边用手指列举着。这一大胆的理论想要强调的是，天赋并不重要，重要的是勤奋和自律。如果足够勤奋和自律，人们就都能活成他们想要的样子，无论是职业足球运动员、钢琴演奏家还是顶级程序员，都是一样的。根据格拉德威尔的 10000 小时法则，一个人如果每周练习 40 个小时（在没有假期的情况下），可以在 5 年内实现自己的目标。但这现实吗？按照惯例，对于过于简单的经验法则，还是要辩证地看待。从对柏林艺术大学小提琴艺术生进行的研究中可以看出，10000 小时只是一个平均值，在调查中有一半的尖子生在 20 岁时并没有达到 10000 小时的练习时间。最新的研究也表明，练习不是万能的，如果没有一定的天赋，勤奋和自律往往只能成就平庸。尽管如此，10000 小时定律还是蕴含了一个真理，大师不会从天而降。正如我们看到的那样，取得进步需要足够的耐心，我们往往需要经历漫长的忍耐，才能真正掌握一项技能。埃里克森教授在一篇评论文章中总结了科学界对 10000 小时定律的各种观点，最终得出结论，在国际象棋、体育、音乐和艺术领域中，通过大约 10 年的勤奋练习才能跻身顶尖人才行列。即使有些孩子从小就在某些方面有天赋，也同样需要花很多时间练习才能真正掌握这项技能，所以并不是说简单地唤醒天赋就万事大吉了。

宾夕法尼亚大学的研究员安吉拉·达克沃斯研究了为什么有些人能够坚持不懈并取得成功，而有些人却失败了。她在一篇论文中写道，先抛开天赋不谈，要想取得成功，毅力和激情缺一不可，达克沃斯称之为坚毅。这个想法是她在采访了来自投资银行、艺术、新闻、科学、医学和法律等领域的佼佼者之后，突然萌生出来的。当这些行业的佼佼者被问及为什么他们能够从中脱颖而出时，他们反复提到了坚毅以及坚毅的同义词。事实上，很多人都非常佩服那些在早期的职业生涯中屡屡碰壁，但仍然坚持不懈，最终到达顶端的人。达克沃斯在论文中写道："很多人同时也发现，那些天赋异禀的人往往最后并没有取得成功。"

我们被成功人士身上的光芒吸引，有时我们甚至会有点嫉妒，心想他们一定很容易就能成功，因为这是他们真正的激情所在。殊不知，我们忽略了他们在向上攀登的过程中走过的漫长之路。披头士乐队在成名以前，在利物浦的卡文俱乐部演出了近300个晚上，在汉堡进行了270多场演出。鲍勃·迪伦在刚开始唱歌时也曾被人轰下台，迈克尔·乔丹一开始也没能成功加入高中篮球队。乍一看，他们之所以能取得如此高的成就，是因为对所做事情充满激情，大错特错！真正让他们获得成功的是他们的坚持，只有做到了这一点，才能产生澎湃的、真正的激情。而像汤姆这样具有唤醒心态的人，只会在遇到挫折后立即转身去寻找下一个激情所在，而不是坚持下去。保罗·奥基夫总结道:"必须要明白的是,寻找激情有一个过程。且行且珍惜,持之以恒地奋斗,才能找到真正的激情所在。只有当你在坚持的过程中无法看到自己的成长时,才需要思考到底是不是该选择放弃。"

一项关于心理学入门课程的研究表明,年轻人最初对心理学的兴趣可以促使他们设定学习目标,并开始潜心研究心理学。同时,日益丰富的心理学知识也会反过来提升他们对心理学的兴趣,从而形成一个积极的闭环。这一结论可以很好地说明,激情是一种自身能够不断强化的感觉,学到的知识和激情相辅相成。如果我对一件事感兴趣,就会全情投入其中,在这个过程中,我越来越得心应手,对这件事的兴趣也越来越大。哈佛大学心理学家杰罗姆·布鲁纳曾写道:"激情就像品位一样,通过训练才能获得。人们是在行动中感受到激情,而不是感受到激情才开始行动。"当我们掌握了一项新的技能,当我们越来越得心应手,当我们能感受到自己的进步时,才会产生激情。当我们全情投入地做某件事时,内心也会感到愉悦。就像我们所有的消极情绪都有好的一面一样,我们当然也要看到积极情绪中消极的一面。对此,我深以为然,特别是当我在思考对工作的激情会给我们带来什么影响的时候。

让工作充满激情,好像从未有人质疑过这一口号。这个响亮的口号时常给人一种感觉,如果每天不带着快乐和激情去工作,那就是错误的。如果有人问我祖父,他在税务局的工作是否充满激情,我的祖父可能根本不知道回答这个问题的意义是什么。他可能会回答:"我当然喜欢我的工作,但是激情？对我来说激情就是坐在花园里赏花或者在山间徒步。"在一项针对加拿大大学生的调研中，84%的大学生称自己找到了激情所在，在受试者选出的"让他们充满激情的事情"中，排在前5名的是舞蹈、冰球、滑雪、阅读和游泳，但这些都与工作无关，只有不到4%的受访者称自己的激情与工作或教育有关。因此，将工作和激情结合在一起，并不是理所当然的事，我为什么一定要热爱自己的工作呢？我在写这本书时，是很愉悦的，但老实讲，我更喜欢拥抱大自然，就像我的祖父一样。

祝贺所有早上带着激情去工作的人们，与此同时，也感谢所有按部就班工作的人们，凌晨4点半将面包放到烤盘上的面包师，降临节期间12小时不间断送包裹的快递员，每年教入学新生乘法表的老师，或在税务局审核纳税评估长达40年的工作人员。他们理应得到自己和他人的认可，无论他们本身对工作抱有多大的激情。与激情相比，可靠、乐观、勤奋和即使在动荡时期也能保持冷静的能力可能才是职场中更为重要的品质。特别是在事业的起步阶段，就像汤姆一样，如果一味追求激情，就会给自身带来巨大压力。我希望所有人从追求职业激情的怪圈中跳出来，将工作当作养家糊口、帮助他人或为社会做贡献的工具，这就已经很好了。当然也会出现质疑的声音，"在工作中找到激情，难道不好吗？"关于这一点我并不打算反驳，毕竟人们大部分清醒的时间都是在工作中度过的，如果人们可以在工作中找到激情，当然是非常了不起的，但是工作中的激情其实是一把双刃剑。

许多人梦想将他们的激情变成一种职业，仅仅因为喜欢海边或者喜欢烘焙，就想开一间冲浪学校或卖一些自制小蛋糕的咖啡馆。激情是指在从事某项活动时获得快乐，如果把激情变成职业，就不得不每天为所谓的激情花8个小时，甚至更多时间，为了盈利，就必须把产品销售出去，例行公事和日常琐事也会随之而来。想象一下：不断有冲浪新手问你相同的问题；每天清晨都要烤巧克力蛋糕；到了晚上又要把没有卖出的一半蛋糕扔掉，时不时因为进店的顾客比想象中要少得多而感到备受挫折。工作可能会让人失去乐趣，失去最初的激情。我认识的很多音乐家告诉我，当他们将自己的爱好变成职业后，原有的平衡被打破了。

"'另一方面，'激情是没人想要的东西。毕竟，谁愿意在可以自由的时候被铐上枷锁呢？"伊曼纽尔·康德问道。柏拉图、亚里士多德和斯宾诺莎都对激情持批评态度。事实上，激情本身并不是一件好事，从德语的构词上就能看出。在德语中，它的字面意思是忍受。事实上，激情确实有可能会给我们的心理带来剧烈的痛苦。

三

我的父亲曾是一位充满激情的教师，他热爱他的职业，并从他的工作中获得了很多力量。几年后，他被提升为校长，渐渐地，我的父亲开始力不从心，他的工作越来越繁重，排课、教室分配、制定校报、运营食堂等等耗尽了他的精力。我感觉他像是在走钢丝，摇摇欲坠。他很喜欢他的工作，而且很有抱负，但我的父亲最终还是被他的激情淹没了。当我们反过来被工作操控，就会变得非常危险。

我父亲的经历绝非个例。大多数德国的上班族都有一份好工作，并且70%的人也都喜欢自己的工作，尽管如此，他们还是会出现不满的情绪。究其原因，是因为我们被不断洗脑：我们需要一份能获得满足感的工作，一份能全情投入的工作。在我们的社会中，公司需要的是有责任心、能为公司着想的员工，最好还可以随叫随到。越是热衷于工作的人，越能为工作做出牺牲，随之而来的就是加班、压力和挫折。有大约一半的德国人坦言面临着职业倦怠，病假的数量也急剧增加。据德国AOK保险公司消息，2005年，平均每1000个被保人登记在册的病假只有14天，而到了2018年，该数值激增到120.5天，接近14天的9倍。兴趣发展到第四阶段变成了熊熊燃烧的激情之火，然而，一不小心也有可能把一切烧得精光。需要注意的是，并不是所有职业倦怠都与激情有关，但如果人们一直背负着这样一种期待，我要热爱我所做的事情，就会不容许自己知难而退，哪怕他们已经被这件事压得身心俱疲，喘不过气来。长此以往，人们就会长期处于压力之下，痛不欲生，最终被激情摧毁。然而，我们的身边总有这样的一群人，他们为自己的工作而活，加班到深夜，把工作做得十分漂亮，完全感受不到工作带给他们的倦怠。最后，我父亲也没有被激情之火吞噬，只是有时过于劳累。是自己被激情吞噬，还是从中汲取能量和快乐，到底取决于什么呢？

科学家们将激情分为两种。第一种是和谐型激情，也是所有人都梦寐以求的。我们进入心流（是指人们在专注进行某种行为时，全神贯注、全情投入的精神状态），完全忘记时间，从行动中获取力量，但同时也清楚自己的极限在哪里。一个有着和谐型激情的老师，虽然很喜欢给孩子上课，但当他被要求在午休时间给学生们补课时，他可能也会拒绝。他希望将午休的时间留给自己，让自己放松一下，或者和同事一起用餐。和谐型激情是可以感染他人的，我们都能感受到拥有和谐型激情的人散发出的热情。这种激情让我们坚持不懈地全情投入到工作中去。

第二种是执着型激情。执着型激情存在着潜在的危险，人们会被激情牢牢占据，无法自拔。渐渐地，人们无法开口拒绝，承担越来越多的工作，忽视生活中其他的事情。康德曾警示过世人，不要被这样的激情铐上沉重的枷锁。

加拿大心理学教授罗伯特·瓦勒兰和他的科研团队设计出了一个调查问卷，通过调查问卷可以判断受试者拥有哪种类型的激情。受试者根据自己的感受，对下方的陈述进行从1到7分的打分。1分表示最不认同，7分则表示认同程度最高。例如："我很难想象，如果没有工作，我的生活将会是什么样"，"我将自己的情感寄托在工作上"或者"我觉得自己对工作近乎痴迷"。

对上述描述非常认同的人可以被视为拥有执着型激情的人。目前，有200多项研究分析了这两种类型的激情对人产生的影响，它们都得出了近乎相同的结论：无论是和谐型激情还是执着型激情都可以让人们进步，但从长远来看，执着型激情不利于人们的心理健康。

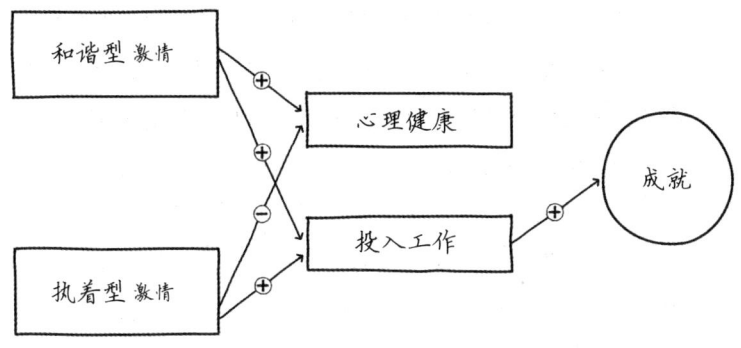

图 9 成就与激情

无论是和谐型激情还是执着型激情都能让人积极投入到工作中，从而获得成就，但执着型激情不利于人们的心理健康。如果过分注重工作业绩，往往就会忽略执着型激情给我们带来的负面影响。

一项针对数百名法国和加拿大护士的调研显示，与拥有和谐型激情的护士相比，拥有执着型激情的护士更容易在生活中产生冲突，更容易产生倦怠感。非常重要的是，这一结果与工作的时长并无关系。也就是说，产生倦怠感并不是因为他们的工作时间过长，而是与他们在工作时具有哪一类激情有关。平均来看，在工作中，当具有执着型激情的人的观点不被他人认可时，他们往往更容易恼怒。他们也很难停下手头的工作，因为他们已经被工作支配，每时每刻都在想着自己的工作，根本没有时间去享受工作以外的闲暇。当他们经历失败时，情况会变得更加严重。因为个人行为与自我价值感紧密相连，所以他们很容易因为失败对自己进行人身攻击，把"我犯了一个错误"变成"我本身就是一个错误"。就像没有自我同情的批判一样，这样的想法是很片面的，并且是针对个人的。不去评价行为本身，而是全盘否定自己。

那些在自己的职业中寻求激情的人,应该时不时地停下脚步并真诚地进行反思。我真的想这样做吗?我的驱动力是否来自内心?这样做,会让我感到满意吗?激情确实可以激发我们大脑中的快乐因子。接着,通过我们的行为这种快乐被进一步放大,这就是激情这种感觉所拥有的巨大潜力,全情投入到某件事中会让我们的生活变得充实。但激情真的只能发生在工作当中吗?保持激情本来就是一件艰苦的事,除了要付出努力,还要求我们保持一定程度的谨慎。因为当激情成为一种痴迷,就会带来痛苦,并将我们束缚于枷锁之中。

美国企业家本·霍洛维茨远不及史蒂夫·乔布斯那么有名,他在哥伦比亚大学毕业典礼上的演讲视频点击量非常惨淡,不是几百万,仅仅只有25000。也许是因为霍洛维茨在演讲中对激情持反对态度,这违背了时代精神。霍洛维茨在演讲中说:"追随自己的激情是一种非常'以自我为中心'的世界观。随着时间的推移,你们会意识到,你从世界上获取的东西,无论是金钱、汽车、物品、奖项,都远远不如你给予这个世界的东西重要。所以我对你们的建议是,追随你们给予世界的东西。找出自己的擅长所在然后回报世界,帮助他人,帮助世界变得更好——这就是你们应该努力的方向。"

当谈到一个人如何从工作中长期获得一些东西时,霍洛维茨为我们提供了比乔布斯更重要的秘诀。

乔布斯似乎在他生命的尽头也赞同了霍洛维茨的观点,乔布斯的朋友兼传记作家沃尔特·艾萨克森描述了乔布斯病入膏肓时两人的对话。当乔布斯被问及他在斯坦福大学的演讲时，他说："每个人都想'追随激情'，但我们都属于历史的长河中的一滴水……你必须回馈社会，做一些对社会有益的事。这样当别人提起你时，就会说，你不仅充满激情，还愿意帮助他人。"

在这个人人都想活得超凡脱俗、追求个性化、激情四射的时代，将目光从自己身上移开转而投向社会，是伟大的做法。那些热衷于服务他人的人，竭尽所能地回馈自己，也回馈世界。"世界的需要和你的才能在哪里交会？"亚里士多德曾说："你的天赋和世界需求的交会之处，就是你的使命所在。"就算乔布斯不知道这句话，相信他也一定会对此观点无比认同。

第十章

万事如意

知足常乐而不是执着于追求幸福

> 只有一种方式可以让人感到幸福,那就是学会满足自己拥有的,而不是总追求还没有得到的。
>
> ——西奥多·冯塔纳

当美国在1776年7月4日宣布独立时,开国元勋们赋予人们三项基本权利:生命、自由和对幸福的追求。"追求幸福",也可译为追寻幸福,从那一天起,它就与其他两个权利同等重要。为什么《独立宣言》不直接说"人人都有生命、自由和幸福的权利"呢?为什么"幸福"前面还要加上"追求"二字呢?也许是因为,那时的人们就已经预感到人不可能一直幸福。人只能追求幸福,因为幸福只在一瞬间。

20世纪50年代,两名研究人员在实验室的老鼠身上证明了这一点。实验老鼠的大脑被植入了电极,通过拉动笼子里的一个小操纵杆,将电脉冲传送到实验鼠大脑深处的奖励系统中,从而引发幸福感。当老鼠意识到这一点后,它们再也没有松开过操纵杆。雄性实验鼠因此失去了繁殖的欲望,雌性实验鼠则忽视了自己的后代,以至于最终它们饿死了。

对幸福感上瘾的实验鼠更是可以在一小时内拉动操纵杆2000余次,如果科学家们不进行干预,实验鼠们就会死于"幸福瘾"。

一

今天,科学技术高速发展,当精神药物和行为治疗对精神疾病重症患者都不起作用时,可以在他们的大脑中植入"幸福起搏器",幸福起搏器可以达到与上述实验相近的效果。

这个过程被称为脑深部电刺激,与上述实验的原理类似,对脑中掌管幸福感的奖励系统进行电刺激。1986年对脑深部电刺激有效性的首批研究中,记录了一位美国女性曾多次增加脑深部电刺激的强度,以至于她的手指上出现了一个开放性的伤口。

这位美国女性一味地追求幸福,忽略了自己身体的承受能力以及对家庭的义务。2013年,在医院进行了多次调试后,一名33岁的德国人在出院当天仍恳求医生加大他脑深部电刺激的电流,他担心在几周后这个强度对他来说会远远不够,因为他现在已经完全适应了调试后的电流强度。"就像实验老鼠表现出的那样,幸福是会让人上瘾的,"纽约的神经学家海伦·梅伯格教授告诉我,"患者的行为就像犯了毒瘾一样。"

梅伯格教授是脑深部电刺激领域的先驱,她获得的专利是该领域最重要的专利之一,她深知人们对幸福的贪恋。"这是一种短暂的拥有。我们可以在达到性高潮时,吃下一块巧克力时,或做一些兴奋的事情时感受到幸福。但这样的幸福感转瞬即逝。"梅伯格教授如是说。对许多人来说,购物的感觉很好,一双新买的鞋子就能给人带来快乐。"但大脑的构造有一个特点,就是会一直想要获得良好的感觉。为此,我们会冲动消费,买很多没必要的东西。我们真的需要20双鞋吗?"她问道,并警告说,幸福感和我们了解的激情非常相似,都是螺旋上升式的。

拿某样使我们快乐的东西来说,我们需要不断加大剂量,才能满足我们对于快乐的贪欲。新鞋已经不能满足我们的欲望了,需要买条腰带、买个夹克,或者最好两个都买。梅伯格为治疗重度抑郁症提供了新思路,新的治疗方法规避了人的贪婪,因为梅伯格不再将电极植入大脑中的奖励系统,而是将其植入到了一个负责处理负面情绪的脑区域。当电流到达这个区域时,沮丧的人不会感到幸福,而是感到平静。严重抑郁症病发时会干扰该区域,这就是为什么患者无法从悲伤和缺乏动力的深渊中解脱出来。而电流可以重置该区域,"我们关掉了消极情绪的开关。因此,患者可以再次拥有积极的体验。"梅伯格解释道。

幸福的感觉是美妙的。幸福感由大脑中的神经递质混合物组成,最重要的神经递质混合物之一就是多巴胺。让我们再回想一下"七层天",当我们坠入爱河时,由于多巴胺的产生,我们会漂浮在那里。这是纯粹的幸福——无论引起幸福感的事情是大是小:得到新的球鞋、获得升职、遗产的继承或孩子的诞生,所有这些都能激发我们大脑中的快乐因子。虽然没有人愿意自己生活得一点都不幸福,但不断追求幸福也很危险。当我能买得起新款手机时，当我最终发现自己真正的激情所在时，当我得到晋升时，当我再减掉三公斤时，我就会感到幸福。但事实上，幸福是无法持续很长时间的，因为我们很快就习惯了新的手机、升职加薪，甚至是爱情。然后，我们开始渴望下一次的成功，渴望下一个让我们感到幸福的刺激，心理学用"享乐主义跑步机"（指人们对快乐的追求就像在跑步机上跑步一样，无论怎么努力都无法前进）一词来描述人们对幸福的永恒追寻，就像是在不停地原地踏步。快乐过后，情绪很快就会恢复到正常的状态，又开始新一轮的追逐。

"Happiness"这个词来自古挪威语，其中 Hap 的意思是偶然性和运气，暗示着幸福是很难把握的，这当中的不确定性是运气提供的刺激。如果我们与一个独臂强盗赌博，每隔三局他都会输掉一次，让我们赢得大奖。那么在短暂的兴奋后，我们将不再有幸福感，因为我们知道接下来会发生什么。观察我们身边的亲戚就可以知道，幸福感的获得确实具有偶然性。

在 2003 年的一项实验中，实验人员通过训练受试的猴子让它们知道：每当有灯亮起，试验猴按下一个按钮后，一扇挡板就会自动打开，作为奖励，挡板的后面放着一些食物。在实验过程中，研究人员对实验猴脑中释放的多巴胺进行了测量。结果发现多巴胺释放的峰值并不是当猴子拿到食物时，而是在灯亮起时。原来，猴子的幸福感来源于对奖励的期待，当猴子把食物拿在手里时，幸福感就大幅度降低了。

现在，实验人员引入了一个随机变量。他们将挡板后面存在食物奖励的概率下降到50%，也就是说，灯亮了，实验猴子按下了按钮，挡板打开，但后面的奖励不再次次都出现，只有50%的概率会出现。这时候，人们可能认为猴子会失去对这个游戏的兴趣，但情况恰恰相反，多巴胺的释放在实验猴脑中达到顶峰，实验的随机性提升了猴子大脑中的幸福感。如果将奖励出现的概率设定在25%或75%（这两个概率的随机性都低于50%），多巴胺的释放量会再次下降。综上，能够获得奖励的"随机性"越大，脑中的幸福感就越强。

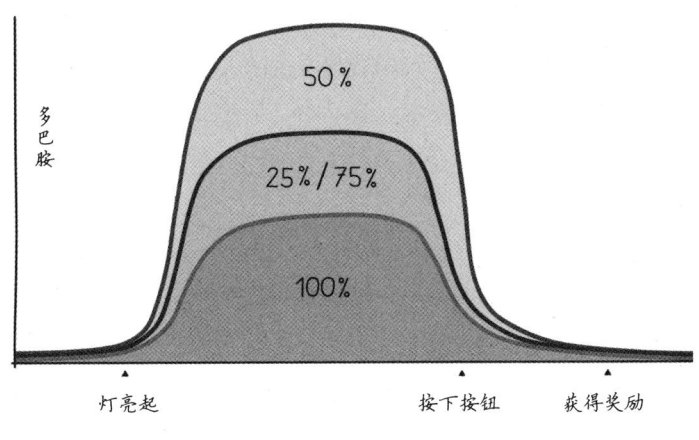

图10 随机性产生幸福感

获得奖励的随机性越大，试验猴脑中就会释放越多的多巴胺。

美国的开国元勋们将"追求幸福"作为基本人权是出于好意，但这一概念却建立在一个谬论之上。目前一系列的研究表明，对幸福的过度追求会导致不幸。

根据 2011 年进行的一项日记研究分析，那些非常赞同观点——"对我来说，幸福感是极其重要的"——的人，在日常生活中更容易感到孤独。

在后续实验中，一部分受试者被要求阅读一篇侧重于讲幸福感的积极影响的文章，另一部分受试者则被要求阅读一篇比较客观的关于幸福感的文章。阅读完毕后，所有的受试者都观看了一部主题为人际关系的电影。对比之下，之前阅读过对幸福感大加赞赏的文章的受试者与对照组相比，感觉更孤独。人在没有压力的时候，往往可以做得更好，那些一心追求幸福的人称他们感觉很糟糕，因为他们并没有找到他们期望的幸福感。将幸福感看得很重的人往往有着深深的紧迫感，如果想要一直幸福，就必须一个接一个地寻找那些让我们感到幸福的事，这让人们坐立不安，完全不给自己一点放空的时间！

多伦多大学的布雷特·福特称，那些对幸福有特别高要求的人与那些不那么执着于幸福感的人相比，更容易出现抑郁症状。这一结论也于 2019 年在儿童身上得到了印证，"想要幸福是正常的。"福特在采访中说道。追求幸福感本身没什么问题，但如果我们太想得到幸福的话，就会出现问题——因为我们开始担心自己到底能不能获得幸福，福特补充道。根据现阶段的研究，追求幸福被认为是一个悖论，不惜一切代价想要获得幸福可能意味着让自己陷入不幸，因为人们需要越来越多的东西来感受幸福，换言之，幸福的阈值越来越高，对幸福的期望也随之升高。这种心态威胁的不仅仅是我们个人。

这样的心态还在摧毁我们的星球。全球经济体系以增长为基础，无止境地增长。"美国梦"早已跨越美国边界，蔓延到世界各地，全球各地的人都在追寻幸福。这非但没有让我们在彩虹尽头找到金子，反而让我们变得更不知足。

我们不会因为今天人类的寿命是 200 年前的两倍而心怀感激。即使有足够的食物，我们还是觉得吃不饱。我们不会因为不必在莫里亚难民营冰冷的地板上过冬而满心欢喜，我们窝在温暖的房间，有电有水，反而会因为网络太慢导致网飞的画面太卡而心生抱怨。

二

一旦我们体验过幸福的时刻，就满心欢喜。然而，过度追逐幸福会让人变得贪婪，永远无法满足于现状。幸福感转瞬即逝，很难控制。当我们追逐幸福感时，它就会逃跑。幸福感是短暂的，任何想要永久定格幸福感的尝试都注定会失败。

鉴于此，我希望大家追求一种更深层、更持久、更平静的感觉，它超越了短暂的兴奋感——那就是满足感。乍一看，要从心理学的角度将满足感与幸福感这两个概念区分开实属不易。相关领域的大多数研究成果都是用英语发表的。

"幸福（Happiness）"在这里被看作是我们情感世界的总概念。有时幸福是指短暂的幸福时刻，有时是主观上的幸福感，有时是感觉和信仰的混合体，有时只是单单代表快乐的感觉。如果人们可以更深入地研究一下这个话题，就会发现，大部分的研究都准确描述了他们各自对幸福的定义。实际上，在一些情况下，"幸福"翻译成"满足"会更贴切。

不同于幸福，满足不关乎极端的情绪高涨，而是一种平静的状态。在满足状态中，我们不会失去任何东西。心理学是这么定义一个满足的人的：一个反复不断体验积极情绪的人。负面的情绪当然也会发生，只是频率比较低。在这个方面，显然满足和幸福是一样的，但是满足的维度更宽广，满足是对我们生活的整体认知。

哈德利·坎特里尔是第一批想要尝试将满足感具体化的心理学家之一。他在1965年发明了一种简单的心理学方法，这种方法被沿用至今。"想象一下一个十级台阶的梯子。最上面的台阶代表着你能想象的最好的生活，最下面的台阶则代表着最糟糕的生活。目前您的生活对应的是第几级台阶？"

事实上，这种衡量生活满意度的简单方法是非常具有现实意义的。我们可以评判我们的生活正处于哪级台阶，因为满足感来源于我们内心。满足感是一种个人的体验，无需测量多巴胺水平或检测大脑区域就可以衡量，这种个人的判断也完全可以用于心理学的科学研究。如果让人们连续几年对他们生活的满意度进行打分，就会得出相对稳定的数值。令人惊讶的是，我们日常生活中发生的事对生活的满意度几乎没有什么影响，例如恶劣的天气或坏情绪。

幸福感本质上就像一个果壳，当生命的浪潮袭来，果壳就会被淹没,而满足感就像一艘大货船,尽管海面波涛汹涌,但货船仍保持着自己的航向。

满足中蕴含着安宁,与不确定性和永不满足的追求恰恰相反,满足是一种心态,是对我们自身和我们周围的世界有一种深深的安宁感。虽然满足感比幸福感更难达到,但我们仍然可以调整心态努力获得。所以,一个人将自己的生活定位在第五阶梯还是更高的第八阶梯,到底取决于什么?

有相当一部分的满足感其实已经刻在我们的基因中了,这一点可以从对数千对双胞胎的科学比较中得知。同卵双胞胎的基因比异卵双胞胎更为相似。异卵双胞胎的基因相似率平均只有50%多,由此可以科学地计算出,我们的满足感大约有40%来源于父母的基因。

除了天生的基因,我们生活的国家也对我们的满足感有着重要的影响。多年来,联合国一直在调查世界各地人们对生活的满意程度。2020年的一份报告显示,阿富汗在153个国家中排在最末位,得分为2.6,战争、贫穷、恐怖袭击和压迫是影响阿富汗人民生活满意度的主要因素。

连续三次排名第一的国家是芬兰。据统计,芬兰人的平均生活评分高达7.8。芬兰几乎不存在腐败,警察有良好的声誉,政府透明度高的。此外,芬兰的贫富差距很小,人们的生活水平都比较相似,他们能感受到一种强烈的凝聚力,公民和政府之间互相信任。这种信任是芬兰式满足感的基石。

第十章 万事如意 知足常乐而不是追求幸福

与满足感一样，信任也是一种深厚并发展缓慢的情感。当然，芬兰的评分高首先要得益于它是世界上先进的国家之一，同时也是世界上最富有的国家之一。但芬兰的国民生活满意度仍超过了其他同样富有的国家，例如卢森堡、阿联酋和新加坡。事实上，经过多年的反复研究，我们发现，生活水平高并不意味着生活满意度就高。

从现有超过164个国家的大量数据来看，生活满意度和收入的增长在一开始是成正比的，多赚1美元就意味着对生活多一点满足，但如果平均家庭年收入达到95000美元，就会出现拐点。在拉丁美洲和加勒比地区，这个拐点大约为35000美元，远远低于西欧的100000美元。无论如何，世界各地的情况都有共通之处：不断上升的满意度曲线会到达拐点，在大部分情况下会再次回落，到达拐点之后的财富并不能带来满足感。即使人们可以用钞票换取幸福的瞬间，但很遗憾，人们很快就会习惯奢侈。正如马克斯·弗里希所写的那样，生活水平逐渐成为生活意义的替代品，不再问"我为什么在这个世界上，我为什么活着"，而只是为了活着而活着。但如果生活的目标是幸福，那么模仿富人在高尔夫球场上打球或在游艇上狂欢是没有意义的。我的父母作为教师，每年的净收入约为85000欧元，这是一笔不小的数目，尤其是之后还有比较体面的退休金。但谁能想到，其实很多教师也处于满意度的拐点呢？如果去问青少年，哪个职业拥有足够的钱并能获得令人满意的生活？我敢保证，大部分青少年都会说是职业足球运动员或者顶级模特。

与先天的基因相比，人们的生活条件对生活满意程度的影响出奇得小。2002年在美国的一项研究中，研究人员将满意度前10%的样本与满意度中等水平的样本进行对比，结果发现，两组样本经历的积极事件和消极事件的数量相同。调查研究表明，即使是结婚、孩子出生、分手甚至丧亲之类的人生大事件，从长远来看也不会改变人们对生活的平均满意度。就目前的数据来看，对生活的满意度有10%到15%取决于外部环境。正如研究一再表明的那样，满意来源于内心，而不是外部对我们产生的影响。我们对生活满意与否，只有大约50%取决于基因和生活环境，另外50%则通过行为和态度掌握在我们自己手中。这是40多年来就满意度这一话题科学所得出的最重要的见解：我们可以提升自己对生活的满意度。

如果我们放弃一再追求幸福，转而专注于满足，我们就不应该犯之前追求幸福时所犯的错误，把满足当成是势在必得的东西。沉着冷静是通往满足最可靠的道路，特别是在今天这个要求"更高、更远、更快"的世界里，想要获得满足，首先就要知足。正如希腊哲学家伊壁鸠鲁认识到的那样："如果一个人不懂得知足，那什么都无法满足他。"中国哲学家孔子也深信："无度则失。"

2010年，一项工程浩大的长期研究公布了其研究结果。在这项研究中，研究人员要求来自不同国家和从事不同职业的2250名18至88岁的受试者在他们的智能手机上下载一个应用程序，这个应用程序会在数周时间里于不同的时间段询问受试者以下问题："你感觉怎么样？""你现在正在做什么？""除了你手头正在做的事，你还在想别的事吗？"

令人匪夷所思的是，当被问及"除了你手头正在做的事，你还在想别的事吗"时，47% 的受试者都选择了"是"，几乎有一半的时间，受试者都没有思考他们目前正在做的事，即使他们在工作、阅读或聊天时，三心二意的平均比率也不低于 30%。对研究结果进行复盘后，研究人员得出了一个结论："人类的思绪是游荡的，而游荡的思绪背后则是不满足的灵魂。"

坐火车时望着窗外，思绪飘向远方，这可以让我们的内心获得片刻的平静。但如果日常生活中也经常分心，那我们就与内心的平静和平衡无缘了。当我们的朋友在咖啡厅里告诉我们他马上要当爸爸时，我们脑中却在想着一会儿要买点什么，明天会议要报告的内容，同时还用眼角的余光瞥了一眼智能手机屏幕上弹出来的信息。"你说什么？"我们吃惊地问朋友。此时我们意识到，有些事当下正在发生，但我们并没有参与其中。

而满足感则要求我们纵观人生，将一连串时刻串联起来。作家托马斯·沃尔夫曾写道："我们是我们生命中所有时刻累积起来的总和。"这句话的重点在于，我们并非每时每刻都能感到幸福，但我们能感受到每时每刻，因此我们应该控制自己游走的思绪，不该沉迷于一心多用。

三

思绪的游走会导致我们将注意力从自己身上转移到别人身上,然后就开始攀比,这是人类深层次的需求,但攀比往往会破坏我们内心的宁静。2003年埃默里大学在猴子身上进行的实验说明了其中的原因。两只卷尾猴并排坐在不同的玻璃箱里,研究人员训练它们如何进行简单的交流。如果猴子们从玻璃箱的缝隙中递给研究人员一块小石头,研究人员就会给猴子们一块黄瓜作为回报。在第一轮的实验中,经过多次的交换,猴子们安静地吃着黄瓜。随后研究人员拿来一盘葡萄,一只猴子兴奋地把石头递给了研究人员,并如愿得到了一颗葡萄作为奖励。另一只猴子也把他的石头递了出来,但得到的不是葡萄,而是黄瓜。这只猴子愤懑地把这块黄瓜扔向研究人员,并开始愤怒地在它的箱子里上蹿下跳。

研究人员猜测,在人类进化过程中,会认为将自己的努力和成果与他人的进行对比十分重要。长此以往,一只满足感较低、认为自己比周围同类获得的少的猴子,最终收获的与部落中其他猴子相比确实会少很多。这样的攀比心态容易让其陷入永远不知满足的困境。当第二只猴子看到前面的猴子获得了更好的奖励时,它就不会仅仅满足于黄瓜。人类也有类似的想法:如果邻居的年收入是7.5万欧元,那么自己赚10万欧元已经非常知足;如果邻居赚了20万欧元,哪怕自己的年薪达到了15万欧元,也会心生不满,备感挫败。

而在比较的过程中我们也会盲目地将"全部的自己"和"部分的他人"进行对比,这里"部分的他人"仅仅只局限于我们所能感知到的。我们深知自己的弱点、恐惧和缺陷，却不知道他人的，所以我们不能进行客观、全面的比较。当我们单身，身边的女性朋友却在谈恋爱时，我们可能会觉得她配不上她的伴侣，但当我们自己进入一段亲密关系后，嫉妒之心就会得以缓解。向下比较我们是有优越感的，但是从优越感中我们并没有获得深刻的满足感，我们甚至会觉得很内疚。除此之外，我们还经常向上比较，向上比较尤其会让我们陷入谷底，因为那些比我们赚得更多，或者比我们更恩爱地在公园里散步的人，比比皆是。

"比较是幸福的终结，也是不满的开始。"索伦·克尔凯郭尔曾写道。早在幼儿园我们就有相关的体验：当另一个孩子带着更好的玩具进入沙坑时，我们手里拿着的玩具就不再让我们觉得那么快乐了。比较一出现，不满就开始了。

由于与他人比较的习惯在灵长类动物中如此根深蒂固，因此想要完全不与他人比较是不可能的。我们的大脑想要通过与他人的比较了解自身所处的位置，并且通过与他人的比较，我们也能更好地设定目标并自我激励。但我们完全可以不把注意力放到他人身上，转而采取一种新的策略——我们可以与自己进行比较。一个自我满意的业余运动员会将现在的自己与过去的自己进行比较，而不是和那些超越他的人比较。对他来说，在半程马拉松中取得什么成绩并不重要，重要的是自己是否比去年跑得快。如果我们可以在不忽视他人的情况下，更多地关注自己，与过去的自己相比，我们就会认识到我们收获了什么，或者说，我们已经获得了一切。

2015年，一项针对30岁以下以及60岁以上人群的研究表明，随着时间的流逝，人们会减少与他人比较的冲动。研究人员猜测，随着年龄的增长，人类更倾向于将当下的自己与过去的自己进行比较，而不是与他人进行比较。

我们并没有压抑大脑本身需要进行比较的天性，而是更多地尝试将比较的对象换成过去的自己。随着时间的推移，我们更清楚地知道了什么成就了我们，而我们又该去向哪里。罗马皇帝兼哲学家马库斯·奥勒留曾建议道："一个不注意邻居所说、所做或所想，而只关注自己所做的人，将会获得多少清闲啊！"

在现实生活中，想要减少与他人的比较并不总是那么容易的，因为我们花了很多时间在社交媒体上，这是一个完全以比较为生的地方。照片墙、抖音、Twitch、油管以及越来越多的新平台都在不断向我们展示，我们与他人的生活差异到底有多大。

临睡前，我们快速刷着照片墙。在上面，我们可以看到其他人的生活状态，他们比我们更苗条、更漂亮、更富有、更幸福。我们忍不住继续往下刷，当我们终于可以放下手机准备入睡时，我们却心情失落地盯着房间的黑暗深处。我们当然清楚地知道，在数字化的世界中，很多都不是真实的，但是这种不自觉的比较仍然会引起我们的不快，令我们沮丧。

2019年发布的一项针对青少年的长期研究报告指出，社交媒体的使用与无价值感以及抑郁情绪有非常大的关联性，那些一直拥有完美身材和令人羡慕的生活的青少年，往往对自己的生活更加不满意。他们和之前那个拿到黄瓜作为奖赏的猴子有着相同的处境。

在挪威，令人叹为观止的悬崖"巨人之舌"一直让人们着迷。但想要参观这一自然风光，就必须排队。网红们一个个单独上前拍照，只是为了向他们的粉丝展示自己一个人处于这少被世人触及的自然景观中。为了能拍到一张完美的照片，有人失足掉下悬崖，之后被野生动物杀死或者被淹死，这样的悲剧时有发生。在印度海岸边的某些景点，甚至因为悲剧发生得太过频繁，以至于政府不得不设立"禁止自拍区"，试图通过控制游客对自拍的贪婪来保障他们的人身安全。

照片可以记录下生活中的特殊时刻，但科学表明，如果我们拍照只是为了日后可以发到网上，就会破坏当下的享受。日落时，我们并没有享受此刻，而是在擦拭显示屏上的灰尘，为了能拍出一张更好的照片。我们拍照不是为了自己，而完全是为了他人。我们内心或许也隐约感到这样做会引发自身的不满情绪，却又完全停不下来。

"我们正置身于这个世界上迄今为止规模最大的行为实验之中。"来自"硅谷"的顶级程序员阿扎·拉斯金在接受BBC采访时说。拉斯金为脸书设计出了无限滚动的页面，用户可以永无止境地沉浸于绝美的度假照片、猫咪视频或者恶评中。"在屏幕的背后是1000名程序员，他们共同努力让用户最大程度地对此上瘾，"他警告世人说，"例如程序员们一直在改变点赞按键的颜色，是蓝色按键好一点，还是偏红色好一点？程序员们在不同时间段对用户进行测试，直到找到那个最完美的按键形状和颜色，就是为了让用户可以最大程度地多刷一会脸书。"帮助共同开发点赞按钮的利亚·珀尔曼也在接受 BBC 采访时称脸书会让人上瘾。她说："如果我需要获得认可，我会打开脸书。" 2020 年公布的一项研究表明，特别难以处理自己感受的人往往会滥用社交媒体，那些未能很好地照顾自己情绪的人，需要这些五花八门的图片来短暂麻痹自己。

人们似乎已经无法想象没有智能手机的生活了，然而第一部苹果手机在 2007 年才问世。苹果手机的迅速崛起总是让我想起猴子的实验，一旦将随机性引入实验，实验猴子的多巴胺就会激增，智能手机能够吸引我们进入数字世界，也是基于同样的机制。我们拿出智能手机时，只为快速看一眼是否有人在网上发布了什么有趣的东西。当我们没有收到新消息时，就意味着我们并没有被回馈奖励，我们会因此感到失望，当收到的新消息是陈词滥调时，意味着挡板后面的奖励并不是我们期望的，我们会接着继续尝试。看一眼智能手机屏幕上弹出来的新消息可以带给我们廉价的幸福时刻，也正是因为这种不确定性，这种可能错过某个消息的不确定性让我们上瘾，而对社交媒体上瘾会破坏我们的满足感。

2020 年，波鸿鲁尔大学的心理学家朱莉娅·布雷洛夫斯卡娅对两组随机组成的年轻女性和男性进行了一项研究。第一组研究对象像往常一样使用社交媒体，第二组则将每天使用社交媒体的时间缩短了 20 分钟（与第一组相比），这个实验持续2周。第二组的实验对象在实验的第一周结束后纷纷报告说减少使用社交媒体很困难，同时，对社交媒体的渴望也有所上升，就像突然戒毒一样，"毒瘾"犯了。但在第二周出现了转折，从第二周开始，第二组的受试者们的抑郁症状有所缓解，并且进行了更多的运动，例如骑自行车、慢跑或者游泳。虽然实验只有短短2周，但已经产生了持续性的效果。当布雷洛夫斯卡娅在3个月后再次询问这些实验对象时，发现第二组与第一组对照组相比，在使用社交媒体方面仍保持着较低频率，他们对社交媒体的渴望低于对照组的受试者，并且在这3个月中，对生活的满意度有所提高。

当我们意识到智能手机和无处不在的社交媒体是由聪明绝顶的程序员们设计的，我们根本无法与之抗争时，我们就能清醒地认识到，社交媒体是一种令人上瘾的东西，就像咖啡和酒精一样，是否有毒取决于我们食用的剂量。帕拉塞尔苏斯医生在500年前曾写道："万物皆毒。重要的是剂量。"当我们适时适度地使用它们时，我们依旧可以知足常乐。

四

"少"是一种有希望获得满足感的心态。此外，还值得加上一个"小"。处理情绪时很多人会犯的典型错误就是，相信自己可以大刀阔斧地做出重大改变。就像前几章提到的关于持续陷入爱河以及如何更健康地应对饥饿，这些往往都是比我们想象的更为重要的小事。对于满足感更是如此，如果我们倾听自己内心的声音并反问自己，到底是什么让我们没有满足感？我们往往第一时间会想到那些很大的事情，我们会觉得是因为没有一段完美的关系、没有一份可以唤醒我们激情的工作，或者没有一栋带落地窗、空间足够大、站在露台上眺望还能欣赏绿色风景的房子。我们往往会发出这样的疑问：身处一个没有阳台，从窗户望出去只有公交站台的两房公寓内，我们怎么可能获得满足感呢？

心理学家埃德·迪纳在20世纪90年代就已经指出了这种思维方式是错误的。他指出特别有满足感的人，他们的生活是由许多积极的微小时刻组成的，并不是拥有巨大的幸福时刻。满足感的公式强调的是频率而不是强度，一个在一个月内每天都经历一些小而美好的事的人，平均比只经历过一次高光时刻的人更具满足感，安安静静地吃一顿早餐，午休时短暂感受一下阳光洒在皮肤上的感觉，运动后泡个澡，这些都是小事，但如果我们经常有意识地去体验，就会让我们有强烈的满足感。

我们已经知道，拥有财富并不等于就能收获满足感，但我们却可以学着通过花钱获得满足感，特别是当我们还没有很高的工资时，这里的经验法则是：少买东西。

人们想要最新款的手机，所以不厌其烦地排队进行购买，人们买的鞋比他们实际要穿的还要多，经济就是这样被带动了起来。多年积累的研究结果表明，我们几乎无法从这样的购买行为中获得满足感，这一点从收入和满足感的关系曲线中就可以得知。相关研究得出的结论表明，一个有足够金钱的人，如果想要实现自我，就不应该把钱花在购物上，而首先应该花在人生体验上。

与为了下一次的度假花重金买下一只法国奢侈品牌的手提箱相比，一次为期1周的背包旅行更能给我们带来满足感，经历最终会成为记忆，正如我们前几章讲过的那样，记忆可以拉长时间感并带给我们更强烈的感觉。与物质不同，记忆只存在于我们的脑海中，因此是独一无二的，任何东西都无法与记忆相提并论。而记忆的优势就在，随着时间的推移，我们的大脑会美化它们，那些不幸，尤其是小事故，常常被人记得很清楚，与朋友一块度过的下着雨的露营假期，以及为了防止雨水进入帐篷而在帐篷周围不停挖开的小沟渠，到最后都会变成难忘的冒险经历。

经历将人与人联系起来，而物质却将人们分为三六九等。在足球赛场上，当球员进球后，球迷们互相拥抱在一起，在那一刻，开什么牌子的车或者戴什么牌子的手表已经变得毫无意义。经历是唯一重要的东西，记忆给予我们自由，而财产则束缚我们。《人生整理魔法》能成为世界畅销书我并不感到惊讶，作者近藤麻理惠在书中提到了清理自己的生活，把不必要的东西扔掉，摆脱不必要的负担，能获得多么愉悦的感觉。只有抛开这座压得我们喘不过气来的物质大山，我们才能重拾满足感，这就是为什么把钱花在体验上而不是物质上能够给我们自身和地球都带来益处的原因。

通过一系列的调查问卷我们还能得知，满足感和用金钱换取时间这两者存在一定的关系。我们为税务咨询而买单，而不是自己在周末翻阅收据和表格，我们让邻居男孩修剪草坪，让专业人士清洁窗户，我们不必因此觉得自己很懒惰，而是应该意识到，我们的生活经常被琐事淹没，我们可以负担一定的费用以此获得一些自由的时间，让我们的大脑休息一会儿，这可以算是好事一桩。

在我看来，如果想要用金钱换取满足感，那么最保险的方法就是为他人花钱。2008年，数百名美国人被问及他们会因为什么花钱，结果显示，满足感与为自己花钱之间并没有关联。而如果为他人花钱则可以提升自身的满足感，同样是在工作中获得5000美元奖金的人，给他人花钱并把一部分的钱用于捐款的人，在6个月之后明显比只把奖金给自己花的人要收获更多的满足感，没有什么比为他人做些什么更利己了。

当我们处于一个赚的钱超过所需的舒适状态时，想要获得满足感就很简单了，把钱用在体验、时间以及他人身上，而不是去疯狂购物买一堆东西，如此，我们的满足感就会增加。

最后，情感世界的状态决定了我们的满足程度。无论是爱人还是爱己，满足感都源于我们能健康地处理自身的感受，当我们对积极和消极情绪都能敞开心扉时，我们就已经踏上了通向满足感的幸福之路。

在这个人人被要求追求幸福，所有的人和物都被要求只能展示好的一面的世界里，追求真正的愉悦困难重重。负面情绪的存在并不是为了加大我们生活的难度，相反，正如我们在前几章所讨论过的那样，消极情绪想要帮助我们，恐惧试图保护我们，愤怒可以转化为能量，无聊也可以被赋予意义，悲伤可以将我们与他人联系起来。当我们感到羞愧时，我们更愿意原谅自己并重新融入社会；展露哀伤的人可以得到其他人甚至小孩的帮助；嫉妒，尽管它可能很糟糕，但也是我们在乎对方的表现，从而促使我们尽一切努力维系与最在乎的人的关系。

感觉糟糕是生而为人的一部分，那些压制所谓的负面情绪，不愿意感受负面情绪的人，其实违背了自然规律。最近的研究表明，情感世界的阴暗面有助于增加我们的满足感，这并不奇怪。

伯克利教授艾里斯·莫斯通过对旧金山地区1300多名成年人的调查研究发现，与消极情绪做斗争的人，会在压力中不断消耗自己。莫斯怀疑，如果我们不接受消极情绪，它们反而会变得更加沉重，从而带来消极影响。2017年，以色列心理学家玛雅·塔米尔发布了一项针对2000多人的国际研究，同样也证实了这一点。这项研究表明，我们的满足感也取决于我们是否能产生适合的情绪感受，无论这样的情绪是消极的，还是积极的，都无关紧要。我们的生活中充斥着许多本就无法让我们感到快乐的时刻，如果我们可以接受这一点，那我们也能更从容。当然，恋爱比哀悼肯定来得更加美好，但是当有人逝世时，我们是允许表现出深深的悲伤的。如果我们通过化疗战胜了癌症，我们当然可以将这段经历视为是可怕的，我们不必强迫自己去接受这是一场特殊的"生命体验"。玛雅·塔米尔这样向我解释她的研究工作取得的重要成果:"当我们不那么消极地去看待我们的负面感受时,就能提升我们的满足感。"

没人应当沉溺于负面情绪中,抑郁症是一种需要被治愈的疾病,然而,几天的低谷并不是一场灾难。在过去,一点忧郁是生活的自然组成部分,没有人会为此而烦恼。我们不允许自己有负面情绪,因为我们总是想要"快乐",因为杯子总是半满而开始自我攻击。社会科学家阿瑟·布鲁克斯为这种现象找到了一个恰当的术语,他在《大西洋》杂志上写道:试图从日常生活中消除负面情绪会导致"情绪性过敏"。那些压抑自己时不时出现的消极情绪的人,最终会对消极情绪产生过敏,这很危险,因为当我们别无选择,必须面对恐惧、悲伤或愤怒的时候,我们就不能冷静、客观地感受这些负面情绪。

古代波斯最重要的学者和诗人之一鲁米将我们的感受描述为"不期而至",这是很美妙的比喻。根据鲁米笔下的好客精神,人们应该向所有的情感敞开大门,甚至带着宁静的微笑去迎接消极情绪,打开门,感受消极情绪,接受它,让它继续前进。当头脑中的乌云遮住了阳光时,这才是正确的处理方式。

对我来说,满足感的终点就是——接受死亡。我坚信,充满满足感的生活需要一个终点,这听起来似乎是不言而喻的,因为死亡是生命的一部分。但当我们想起谷歌公司花重金研究人类的"不朽"时,就会发现,有些人不再愿意接受这个不言而喻的事实。

害怕死亡是我们的天性，但因此否定死亡却是不明智的。今天我们知道，认识到生命的有限性能够提升满足感。正是因为我们无法永生，日常生活中的点点滴滴才具有意义。没有人可以将已经过去的一个小时还给我们。试图反抗死亡，从心理学的角度来看是错误的。

我们的幸福取决于享受当下以及与他人建立良好的关系。如果今天有二分之一的夫妻选择离婚，那么再过90年，当死亡将我们分开时，又会变成什么样呢？随着年龄的增长，人们会冷静下来。研究表明，岁月也改变了我们看待事物的方式。当人越来越清楚地意识到自己的时间是有限的，他们便会从一块巧克力蛋糕中，一个与孩子们在森林里度过的秋日午后中，一张朋友寄来的明信片中获得更多的东西。

2018年进行的一项研究中，研究人员要求美国的年轻人想象他们只能在目前所居住的地方再居住4个星期，之后就要搬去很远的地方。仅仅是想象就导致了受试者对现在的满意度明显高于没有被要求做此想象的对照组，研究人员只是简单地记录了对照组成员在实验期间的行为就发现了差异。造成这种差异的一个核心原因是与他人紧密联系的感觉，当告别来临时，你才能真正意识到你的父母、你的朋友或办公室的工作团队对你来说到底意味着什么。在一个没有设置倒计时的生活中，这些重要的羁绊会逐渐被淡化，因此时不时有意识地提醒自己，没有什么是永远的，这会让你感到知足。

人类是贪婪的动物，一不小心就可能落入追逐幸福的陷阱。感觉良好是我们的文化推崇的，即使我们总体上都很好，大部分时间我们也都感到满足,但我们内心仍会响起某个声音说:"难道不能再好一点吗?"

埃德·迪纳教授并不赞同这样的想法,他猜测"最佳满意度"可能低于满足的最大值。这让我们重新回到了本章开头——关于满足感的阶梯。迪纳教授将第八阶梯称为"神奇的一层",高于第八阶梯,人可能会变得过于慵懒,尽管内心很想再往上攀登,但也无济于事。关于最佳满意度的说法在科学界仍然存在争议。就我个人而言,我非常喜欢这种说法,因为这让我认识到了最能让我内心平和的阶梯并不是最高的那一层,而是相对较低的第八层阶梯,并且想要达到第八阶梯也不算很难,尤其是在德国,人均生活满足度已经达到了第七阶梯。

第十一章

要想成为人
首先必须有情感

无尽的心灵之旅将暂时告一段落

> 感觉是一切。
>
> ——歌德

马丁·托比亚斯在地球上几乎找不到比加利福尼亚更适合完成使命的地方了，他于 2019 年在这里开设了人体升级实验室，作为世界上第一家生物黑客工作室，他希望可以借此大获成功。马丁·托比亚斯每月收取 1000 美元的会员费，承诺将普通人变成超级人。

托比亚斯用简洁的几句话向我解释道："超级人会认为，我不接受自己的普通，我也不接受自己只达到平均水平。我要释放我所有的潜能，我要升级自己。"因此，在人体升级实验室里，他们可以通过注射干细胞、营养补充药剂和光电治疗让皮肤重回年轻态；通过高压氧舱内的高气压锻炼身体机能；通过零下 104℃的冷冻舱让脂肪在几分钟内快速燃烧；通过虚拟漂浮舱帮助大脑进入西塔波状态，据说在这个波段下，人的思维会变得敏捷并且极具创造力。还有其他数十个项目都可以在世界各地的分店进行体验,这无疑开辟了新的市场。

当我让托比亚斯想象一下,如何向一个孩子解释这个实验室的初衷时,他停顿了一下,然后对我说:"你真的很幸运,可以生在这个年代。如果你在未来的 20 年内坚持进行健康投资,那么到时你就有可能比你的同龄人健康百倍。你可以使用先进的技术提升自己。"

他又随口补充道:"这里再顺便提一下,如果你不打算利用这些技术,那么你就会被时代抛弃。在这个人工智能可以取代人类从事许多工作的时代,为了维护作为人类的尊严,你必须投资自己并努力成为更好的人类。"

我知道托比亚斯也有自己的孩子。他最小的女儿哈珀只有四岁。当我问托比亚斯如果自己的孩子并不完美他会不会也想让孩子升级时,这位超人制造者毫不犹豫地回答道:"我会!"

与托比亚斯的谈话算是我为写这本书进行的第一场谈话,这次谈话让我久久不能忘怀,并不是因为这样的升级缺乏一定的科学依据,也不是因为富人能够优先享受升级引起了我的道德担忧,只是因为我看到了人们对于生物黑客实验室的需求。现在,生物黑客实验室已经冲出加利福尼亚,走向了世界。

为了让自己成为超人而进行自我升级并像黑客一样侵入自己的本性,背后隐藏的是一种非常危险的自我态度:富有智慧的人类将越来越多的可能性和越来越高的要求结合在一起，想要在这个世界上生存，就必须变得更好，释放所有的潜力。乍一看，托比亚斯的观点似乎是正确的，但当我们回过头来思考一下，就会发现，他的观点里少了一个关键的前提——"如果一切照旧的话"。

我们生活在一个充满变动的时代，"我到底是谁以及我想成为谁？"要找到这个问题的答案，也许从来没有像现在这样困难。因为我们面临着新技术的不断发展、传统技术的逐渐衰落、交汇融通的数字经济以及生态破坏给我们带来的挑战。

生活不易，但这并不意味着我们要放弃希望。我们不得不承认，机器不仅可以更快地计算、准确地处理更多的数据，还不会感觉疲惫，并在相关领域占有优势地位。对此，让我们举起白旗，在我们已经输掉的这场比赛中选择放弃吧！无论我们人类升级多少次，在这个领域，我们是无法与人工智能相媲美的。哈珀的未来在于她感知的能力，因为感觉才是人性的体现，也是她优于机器的关键所在。

人工智能将在很多领域取代人类，我们必须承认并接受这一点。在某种意义上，这对人类意味着悲剧，但这也绝不能成为人类为了追上人工智能必须努力变强的理由。虽然机器能够帮助医生诊断乳腺癌，或者在驾驶员打瞌睡时控制方向盘，但仍然会有无数的领域机器无法胜任，在这些领域中，机器只是备选项，因为我们人类可以完成得更出色，例如：护理、外交、道德、教育、工艺、治疗、哲学、教育、艺术、法律等一系列领域。在这些领域中，尽管相关科技已经有了很大的进步，但仍然需要能够感知的人。机器不能体验恐惧，也没有羞耻感，而这些都有助于我们明确与他人的边界。它们不会因受到不公正的待遇而愤怒，也不会因为无聊萌生出创造力，更没有可以激励他人和吸引他人的激情。没有任何算法可以像人类一样爱一个孩子，没有计算机可以向学校里的学生传授价值观，也没有机器人给予病人或老人应得的同情心和尊重。

我们需要给予那些永远都不会被机器取代的领域更多的认可。

总的来说，我反对任何形式的悲观主义。这并不是智人第一次证明自己的适应性有多强。如果我们因为不想再继续思考，因为想要在世界的舞台上不再扮演人类的角色，就试图教会机器思考，那我们最终会对自己嗤之以鼻。人将在一生中不断发展自己，这一理念比以往任何时刻都更具价值，我也相信所有人都能实现终生成长。

在我们人生的小小舞台上，我们应该接受这样的观点——不存在负面情绪，只存在负面地处理情绪。情感世界的每一种感受对我们来说都有意义。尽管我们每个人的感受不尽相同，但我们并不孤独。我们每个人都会在某个时刻感到恐惧、疯狂、不耐烦、疯狂的爱意或对生活不满。当我们知道这一点时，就可以放下悬着的心。

当我前几天和一对要好的夫妇共进晚餐时，我的女性朋友在和我道别时告诉我，她发现我变了。"自从你开始做这件事之后，你可以更加坦诚地谈论人与人之间的关系，你变得更有思想，更加平静了。"显然她说的"这件事"是指我写这本书。每一次的心灵之旅，从查阅资料的那一刻开始，我们身上就发生了改变。采访过专家，阅读过一份研究报告后，你不能还是原来的你，你一定有一些改变。问题是，你改变了多少，以及改变给你带来了什么。

在我的心灵旅程中，我学会了更仔细地倾听自己的感觉，认识到感觉是人类独有的能力，并减少对它们的苛责，让感觉来去自如，正如我也可以来去自如一样。然后，我与以前的我也并没有太大的不同，有时候我也因为忧虑无法入眠，我也意识到，我的父亲对工作抱有的激情是危险的。尽管如此，对我来说，我还是很难在坐火车时放下手中的智能手机，望向窗外。我虽然不是超人，但我可以更加平静地继续我的心灵之旅了，因为感觉会一直伴随我们，直到生命的最后一天。

"奇怪的悖论是，如果我能接受本来的自己，我就会改变。"这个观点来自美国心理学家和治疗师卡尔·罗杰斯，对此，我深以为然。我相信，如果我们人类可以接受自己本来的样子——一种有感觉的动物，那么作为智人的我们就有很大概率改变自己，整个人类社会也将有足够的能力面对未来的挑战。每一个人都能拥有更健康的精神生活，最重要的是，过上有血有肉的生活。

祝愿大家接下来的心灵之旅，一切顺遂！

致谢

"不要放弃",路易莎一直带着自信的微笑对我说,而我最亲爱的汉内斯、比伊特和弗洛也都一直安慰我说:"慢慢来,不要着急。"首先我要感谢上述这四位我最爱的人。我内心默默祈祷,有一天,写作对我来说,会变得容易一点。在那之前,每写一页我都需要你们的帮助和支持。在过去两年半的时间里,你们一次次带我走出低谷,一次次阅读并帮我修改了这本书。如果没有你们,我可能已经放弃了,或者还在通往成功的路上,迷失在对卷尾猴的实验、粪便移植和脑深部电击的思考中。谢谢你们给予我的爱、信心以及建议。

"莱昂,我已经准备好和你通话了。卡根",当我在2019年春收到第一个答应采访邀约的回复时,我简直不敢相信这是真的。这本书中参与采访的很多研究人员对我来说就是心理学界的大明星。对很多人来说,就像是碧昂斯或布拉德·皮特这样的存在。所有回复过我邮件并花时间分享知识的人，我都要在此表示衷心的感谢。你们拓宽了我们的视野，创造知识财富的同时也帮助我们一起理解这些知识。这个世界需要你们所做的一切，比以往任何时候都需要。

除了在书中提到的科学家以及团队，我在这里也要特别感谢：布莱恩·丹尼博士、乔安娜·杜瓦特博士、保罗·吉尔伯特教授、克雷格·哈塞尔教授、伊洛娜·豪格教授、埃里希·卡斯顿教授、奥特姆·库加瓦博士、加里·莱万多夫斯基教授、菲利普·利文斯教授、罗斯达米·雷扎教授及其位于德黑兰的团队、朱莉娅·鲁克里奇教授、菲利普·舍普斯博士和琼·唐尼教授。他们都用不同的方式支持我的研究工作。

当然，最重要的还有安迪·哈塔德。我不想仅仅把她称为"我的编辑"。因为她对我来说，也不仅仅只是编辑。她的逆向思维、对书稿的修正以及深思熟虑，特别是对研究的热情，都是无限的宝藏。

我还要感谢我的经纪团队：托恩·施塔尔迈耶、马塞尔·施韦尔和塞琳娜·盖尔，感谢他们出版此书的伟大决心、长期的耐心、对本书的兴趣以及他们丰富的经验。

还有来自罗沃尔特出版社的约翰娜·朗马克和她的团队，感谢你们对本书的信任。也感谢你们愿意一再与我共同讨论文本、封面和每一个小细节。

最后，我还要感谢马库斯·帕维尔齐克博士睿智的观点；感谢卢卡斯·克拉斯钦斯基深入的（心理学）谈话；感谢弗里德曼·芬德森的著作《什么，那又怎样，现在怎么办？》；感谢阿泽·施罗德带我在感受的世界里漫步；感谢海科·诺伊曼和他的团队帮我宣传这本书；感谢我的室友与我多次共进晚餐并讨论这本书；感谢尼娜·维沃斯和冈瑟的全体工作人员，在我缺勤的时候，把公司打理得井井有条。

后记

在读到尤瓦尔·诺亚·哈拉里教授所著的《智人》的结尾处时,我很兴奋地发现了一个方法,可以坦然地去面对不可避免的错误。我在这里引用一下:

在写这本书时,我尽了一切努力参考了最新的资料和有效的事实,采访了最前沿的研究人员。但与所有人类的努力一样,错误是不可避免的。尽管我和我的编辑尽了最大努力,但我的书中仍有可能包含错误。除此之外,目前对于情绪和情感的研究也发展得十分迅速。

因此,如果您在阅读本书后懂得"在科学领域,没有什么是一成不变的",懂得"观点和见解总是需要受到批判性的验证、调整,甚至会被否决",我将十分感激。如果您在阅读本书时发现哪里有错时,请通过以下邮箱联系我:kontakt@leonwindscheid.de。

等我一一验证后,我将在我的网站上公布,并在下一版印刷中进行更正。我有意识地让书中提到的知识尽可能地覆盖全人类及各种人际关系,虽然,在以"夫妇"为命题的研究中,基本只提到了异性关系,因此有男人和女人的称谓,但其研究成果当然也适用于同性恋关系。